计算机基础创新型教材
普通高等院校计算机基础教育系列精品教材

C语言程序设计案例化教程

主　编　　李春杰
副主编　　逄　靓　李国栋　高　鹤　苗　莎

北京理工大学出版社
BEIJING INSTITUTE OF TECHNOLOGY PRESS

内 容 简 介

本书共分为12章，主要内容：概述，认识C语言开发的学生信息管理系统；编程基础，开发学生信息管理系统前的准备；顺序结构程序设计，学生信息管理系统的顺序结构应用；选择结构程序设计，学生信息管理系统的选择结构应用；循环结构程序设计，学生信息管理系统的循环结构应用；数组，学生信息管理系统的数组应用；指针，学生信息管理系统的指针应用；函数，学生信息管理系统的函数应用；自定义数据类型，学生信息管理系统的自定义数据类型应用；预处理命令，学生信息管理系统的预处理命令应用；文件，学生信息管理系统的文件应用；综合训练，学生信息管理系统的开发与实现。

本书既可以作为开设"程序设计基础"课程专业的学生教材，也可以作为从事项目开发的初学者及教育工作者的参考用书。

版权专有　侵权必究

图书在版编目（CIP）数据

C语言程序设计案例化教程 / 李春杰主编. -- 北京：北京理工大学出版社，2023.5（2023.7重印）

ISBN 978-7-5763-2349-8

Ⅰ. ①C… Ⅱ. ①李… Ⅲ. ①C语言-程序设计-教材 Ⅳ. ①TP312.8

中国国家版本馆 CIP 数据核字（2023）第 081012 号

出版发行 / 北京理工大学出版社有限责任公司

社　　址 / 北京市海淀区中关村南大街5号

邮　　编 / 100081

电　　话 /（010）68914775（总编室）

　　　　　（010）82562903（教材售后服务热线）

　　　　　（010）68944723（其他图书服务热线）

网　　址 / http：//www.bitpress.com.cn

经　　销 / 全国各地新华书店

印　　刷 / 涿州市京南印刷厂

开　　本 / 787毫米×1092毫米　1/16

印　　张 / 18.5　　　　　　　　　　　　　　　责任编辑 / 曾　仙

字　　数 / 434千字　　　　　　　　　　　　　文案编辑 / 曾　仙

版　　次 / 2023年5月第1版　2023年7月第2次印刷　责任校对 / 刘亚男

定　　价 / 49.50元　　　　　　　　　　　　　责任印制 / 李志强

图书出现印装质量问题，请拨打售后服务热线，本社负责调换

前 言

党的二十大报告指出:"我们要坚持教育优先发展、科技自立自强、人才引领驱动,加快建设教育强国、科技强国、人才强国,坚持为党育人、为国育才,全面提高人才自主培养质量,着力造就拔尖创新人才,聚天下英才而用之。"本书以党的二十大精神为指导,在书中及时有效地体现了先进的职业本科理论与实践一体化的教学改革理念,并引入了对学生实践能力、职业素养的多元化培养等内容,以满足职业教育教材建设主动适应高层次技术技能人才培养的需求。

众所周知,C语言程序的效率性、灵活性和可移植性均高,它不仅简洁优雅,而且功能强大。本书根据高等职业院校本科学生的学习特点,采用企业真实案例引领和任务驱动编写教材的思路,引导学生从实践的角度学习C语言程序设计。首先,本书围绕一个企业真实案例——用C语言开发与实现的学生信息管理系统,来构建各章节的层次结构;其次,本书采用"逆向推导"的方法,从学生信息管理系统的开发与实现过程中所需的知识点出发,结合理论进行内容组织,以保证知识的适用性和完备性。

本书共分为12章,主要内容如下:

第1章——概述:认识C语言开发的学生信息管理系统。

首先通过一个C语言开发的"学生信息管理系统"案例的展示,激发学生学习C语言的热情;其次,介绍C语言的发展、C语言特点及优势,使读者认识到C语言的重要性,了解如何学好C语言;再次,介绍C程序的开发步骤及开发环境,使读者能够通过编写一个简单的C语言程序,熟悉C语言的开发环境;最后,通过简单的程序了解C语言程序结构及格式。

第2章——编程基础:开发学生信息管理系统前的准备。

首先,通过一个简单的C语言程序,介绍C程序的组成元素,并由此引入变量、常量、关键字、标识符、数据类型等概念;其次,介绍C语言中常量和变量的定义与使用,以及数据类型的转换方法;最后,介绍用C语言开发的学生信息管理系统中涉及的各种运算符和表达式,为开发学生信息管理系统做准备工作。

第3章——顺序结构程序设计:学生信息管理系统的顺序结构应用。

首先,通过案例介绍C语言中的算法及描述;其次,介绍C语言中顺序结构程序设计中常用的输入/输出函数;最后,将C语言顺序结构综合应用于学生信息管理系统。

第4章——选择结构程序设计：学生信息管理系统的选择结构应用。

首先，介绍单向选择 if 语句的格式和执行过程；其次，介绍双向选择 if-else 语句的格式和执行过程；再次，介绍多向选择 if-else-if 语句和 switch 语句的格式和执行过程；最后，将 C 语言选择结构综合应用于学生信息管理系统。

第5章——循环结构程序设计：学生信息管理系统的循环结构应用。

首先，介绍 while、do-while 循环语句的格式与执行过程；其次，介绍 for 循环语句的格式与执行过程，比较三种循环语句的区别；再次，介绍循环嵌套和 break、continue 及 goto 语句的格式与执行过程；最后，将 C 语言循环结构综合应用于学生信息管理系统。

第6章——数组：学生信息管理系统的数组应用。

首先，介绍一维数据的定义、引用和初始化，以及在学生信息管理系统中的应用；其次，介绍二维数据的定义、引用和初始化，以及在学生信息管理系统中的应用；再次，介绍字符数组的定义、引用和初始化，以及在学生信息管理系统中的应用；最后，将数组综合应用于学生信息管理系统。

第7章——指针：学生信息管理系统的指针应用。

首先，介绍指针的概念、指针变量的定义和引用；其次，介绍一维指针与数组定义及应用、二维指针与数组定义及应用；再次，介绍指向指针的指针定义及应用；最后，将指针综合应用于学生信息管理系统。

第8章——函数：学生信息管理系统的函数应用。

首先，介绍函数定义、函数参数、函数值、函数调用；其次，介绍将数组作为函数参数、变量作用域和存储类别；再次，介绍函数指针变量、指针型函数；最后，将函数综合应用于学生信息管理系统。

第9章——自定义数据类型：学生信息管理系统的自定义数据类型应用。

首先，介绍结构体类型、结构体数组及结构体指针的定义和使用；其次，介绍在学生信息管理系统链表中结构体类型、结构体数组及结构体指针的应用；再次，介绍共用体和枚举类型的定义与使用、用 typedef 声明新类型名的方法；最后，将自定义数据类型综合应用于学生信息管理系统。

第10章——预处理命令：学生信息管理系统的预处理命令应用。

首先，介绍宏定义预处理命令的格式及使用方法；其次，介绍文件包含预处理命令的格式及使用方法；再次，介绍条件编译预处理命令的格式及使用方法等；最后，将预处理命令综合应用于学生信息管理系统。

第11章——文件：学生信息管理系统的文件应用。

首先，介绍文件的相关基础知识，文件的打开和关闭，使读者对文件操作基本认识；其次，介绍文件的读写操作，使读者了解不同读写方式的实现；再次，介绍文件的定位及其他操作函数，使读者了解文件顺序、随机读写、出错处理、文件删除等操作；最后，将文件综合应用于学生信息管理系统。

第 12 章——综合训练：学生信息管理系统的开发与实现。

本项目通过学生信息管理系统项目的开发与实现，介绍应用 C 语言开发项目的整个过程及相关知识点的运用。首先，介绍该项目的开发背景及环境、顶层设计，使读者对项目的确定、开发环境的选择、项目顶层设计的大体过程和工作内容有一个全面了解；其次，介绍该项目公共模块和功能模块的设计，使读者了解模块化程序设计的特点、方法及注意事项；最后，介绍该项目以链表为数据结构，相对侧重指针与结构体的使用，使读者进一步熟悉 C 语言灵活性高、功能强大的特点，加深对 C 语言基本概念和基本理论的理解。

本书由李春杰担任主编，负责各章节提纲、主要内容和编写思路等整体设计，第 1 章~第 4 章、附录由高鹤编写，第 5 章、第 9 章由苗莎编写，第 6 章~第 8 章由逄靓编写，第 10 章~第 12 章由李国栋编写。本书的出版得到了北京理工大学出版社的大力支持，在此一并表示感谢！

由于编者水平有限，书中难免存在不足之处，希望广大读者批评指正，在此表示衷心感谢！

编　者

2023 年 2 月

目 录
CONTENTS

第1章 概述：认识C语言开发的学生信息管理系统 ·················· 1
- 1.1 认识C语言——学生信息管理系统案例展示 ·················· 1
- 1.2 C语言的发展史 ·················· 3
- 1.3 C语言的特点及优势 ·················· 4
- 1.4 搭建C语言编程环境 ·················· 5
  - 1.4.1 Dev-C++ ·················· 5
  - 1.4.2 Visual C++ ·················· 10
- 1.5 简单C语言程序结构 ·················· 16
- 1.6 小结 ·················· 18
- 1.7 习题 ·················· 19

第2章 编程基础：开发学生信息管理系统前的准备 ·················· 20
- 2.1 C语言程序组成元素：学生信息管理系统中涉及的元素 ·················· 20
  - 2.1.1 变量和常量 ·················· 21
  - 2.1.2 关键字 ·················· 21
  - 2.1.3 标识符 ·················· 21
  - 2.1.4 数据类型 ·················· 22
- 2.2 常量：学生信息管理系统中涉及的常量 ·················· 22
  - 2.2.1 整型常量 ·················· 22
  - 2.2.2 实型常量 ·················· 23
  - 2.2.3 字符常量 ·················· 23
  - 2.2.4 字符串常量 ·················· 24
  - 2.2.5 符号常量 ·················· 24
- 2.3 变量：学生信息管理系统中涉及的变量 ·················· 26
  - 2.3.1 整型变量 ·················· 27
  - 2.3.2 实型变量 ·················· 29
  - 2.3.3 字符变量 ·················· 29
- 2.4 数据类型转换：学生信息管理系统中数据类型转换 ·················· 30
  - 2.4.1 隐式类型转换 ·················· 31

         2.4.2　强制类型转换 …………………………………………… 32
   2.5　运算符和表达式：学生信息管理系统中涉及的运算符和表达式 …………… 33
         2.5.1　算术运算符与算术表达式 …………………………………… 33
         2.5.2　赋值运算符与赋值表达式 …………………………………… 36
         2.5.3　位运算符 ……………………………………………………… 38
         2.5.4　逗号运算符与逗号表达式 …………………………………… 39
         2.5.5　关系运算符与关系表达式 …………………………………… 40
         2.5.6　逻辑运算符与逻辑表达式 …………………………………… 41
         2.5.7　条件运算符与条件表达式 …………………………………… 43
   2.6　小结 …………………………………………………………………………… 44
   2.7　习题 …………………………………………………………………………… 45

第3章　顺序结构程序设计：学生信息管理系统的顺序结构应用 ……………… 49

   3.1　算法：学生信息管理系统中的应用 ………………………………………… 49
         3.1.1　算法的定义及特点 …………………………………………… 49
         3.1.2　算法的表示 …………………………………………………… 50
   3.2　格式输入/输出函数：学生信息管理系统中的应用 ………………………… 53
         3.2.1　格式输出函数 printf( ) ……………………………………… 53
         3.2.2　格式输入函数 scanf( ) ……………………………………… 55
   3.3　字符输入/输出函数：学生信息管理系统中的应用 ………………………… 59
         3.3.1　字符输出函数 putchar( ) …………………………………… 59
         3.3.2　字符输入函数 getchar( ) …………………………………… 60
   3.4　C语言顺序结构在学生信息管理系统中的综合应用 ……………………… 61
   3.5　小结 …………………………………………………………………………… 62
   3.6　习题 …………………………………………………………………………… 62

第4章　选择结构程序设计：学生信息管理系统的选择结构应用 ……………… 64

   4.1　单向选择——if语句：学生信息管理系统中的应用 ……………………… 64
         4.1.1　if语句的格式 ………………………………………………… 64
         4.1.2　if语句的执行流程 …………………………………………… 65
   4.2　双向选择——if-else语句：学生信息管理系统中的应用 ………………… 67
         4.2.1　if-else语句的格式 …………………………………………… 67
         4.2.2　if-else语句的执行流程 ……………………………………… 67
   4.3　多向选择——if-else-if语句、switch语句：学生信息管理系统中的应用 …… 69
         4.3.1　if-else-if语句的格式 ………………………………………… 69
         4.3.2　if-else-if语句的执行流程 …………………………………… 69
         4.3.3　if语句的嵌套 ………………………………………………… 70
         4.3.4　switch语句 …………………………………………………… 73
   4.4　C语言选择结构在学生信息管理系统中的综合应用 ……………………… 75

4.5 小结 ··· 77
4.6 习题 ··· 77

第5章 循环结构程序设计：学生信息管理系统的循环结构应用 ················ 80

5.1 while 语句：学生信息管理系统中的应用 ·· 80
    5.1.1 while 语句的格式 ·· 81
    5.1.2 while 语句的执行流程 ·· 81
5.2 do-while 语句：学生信息管理系统中的应用 ····································· 83
    5.2.1 do-while 语句的格式 ·· 83
    5.2.2 do-while 语句的执行流程 ·· 83
    5.2.3 while 循环和 do-while 循环的比较 ······································ 86
5.3 for 语句：学生信息管理系统中的应用 ·· 87
    5.3.1 for 语句的格式 ··· 87
    5.3.2 for 语句的执行流程 ··· 87
    5.3.3 使用 for 语句的几点说明 ·· 89
5.4 三种循环语句的比较 ··· 91
5.5 循环的嵌套 ··· 93
5.6 转移语句：学生信息管理系统中的应用 ·· 97
    5.6.1 break 语句 ·· 97
    5.6.2 continue 语句 ··· 98
    5.6.3 goto 语句 ··· 100
5.7 C 语言循环结构在学生信息管理系统中的综合应用 ························ 100
5.8 小结 ·· 103
5.9 习题 ·· 103

第6章 数组：学生信息管理系统的数组应用 ·· 106

6.1 一维数组的定义及引用：学生信息管理系统中的应用 ···················· 106
    6.1.1 数组的概述 ··· 106
    6.1.2 一维数组的定义 ··· 107
    6.1.3 一维数组的引用 ··· 107
    6.1.4 一维数组的初始化 ··· 109
6.2 二维数组的定义及引用：学生信息管理系统中的应用 ···················· 110
    6.2.1 二维数组的定义方式 ··· 110
    6.2.2 二维数组元素的引用 ··· 111
    6.2.3 二维数组的初始化 ··· 113
6.3 字符和字符串数组的定义及引用：学生信息管理系统中的应用 ····· 115
    6.3.1 字符数组的定义 ··· 115
    6.3.2 字符数组的初始化 ··· 115
    6.3.3 字符数组的引用 ··· 116

	6.3.4 字符串和字符串结束标志 ······ 117
	6.3.5 字符数组的输入/输出 ······ 117
	6.3.6 字符串处理函数 ······ 118
6.4	数组在学生信息管理系统中的综合应用 ······ 122
6.5	小结 ······ 125
6.6	习题 ······ 125

第 7 章 指针：学生信息管理系统的指针应用 ······ 126

- 7.1 指针变量：学生信息管理系统中的应用 ······ 126
  - 7.1.1 指针的基本概念 ······ 126
  - 7.1.2 指针变量的定义 ······ 127
  - 7.1.3 指针变量引用 ······ 128
- 7.2 指针与数组：学生信息管理系统中的应用 ······ 132
  - 7.2.1 一维数组与指针 ······ 132
  - 7.2.2 二维数组与指针 ······ 134
  - 7.2.3 字符串数组与指针 ······ 136
- 7.3 指向指针的指针：学生信息管理系统中的应用 ······ 138
- 7.4 指针在学生信息管理系统中的综合应用 ······ 140
- 7.5 小结 ······ 144
- 7.6 习题 ······ 145

第 8 章 函数：学生信息管理系统的函数应用 ······ 147

- 8.1 函数定义：学生信息管理系统中的应用 ······ 148
  - 8.1.1 函数概述 ······ 148
  - 8.1.2 无参函数的定义 ······ 149
  - 8.1.3 有参函数的定义 ······ 149
- 8.2 函数的参数和函数的值：学生信息管理系统中的应用 ······ 150
  - 8.2.1 形参和实参 ······ 150
  - 8.2.2 函数的返回值 ······ 151
- 8.3 函数调用：学生信息管理系统中的应用 ······ 152
  - 8.3.1 函数的调用方式 ······ 152
  - 8.3.2 被调用函数的声明和函数原型 ······ 153
- 8.4 函数嵌套调用：学生信息管理系统中的应用 ······ 154
- 8.5 函数的递归调用：学生信息管理系统中的应用 ······ 156
- 8.6 数组作为函数参数：学生信息管理系统中的应用 ······ 157
  - 8.6.1 数组元素作为函数实参 ······ 157
  - 8.6.2 数组名作为函数参数 ······ 158
- 8.7 变量作用域和存储类别：学生信息管理系统中的应用 ······ 160
  - 8.7.1 局部变量 ······ 161

	8.7.2　全局变量 ………………………………………………………………	162
	8.7.3　存储方式 …………………………………………………………………	163
8.8	函数指针变量：学生信息管理系统中的应用 …………………………………………	164
8.9	指针型函数：学生信息管理系统中的应用 ……………………………………………	165
8.10	函数在学生信息管理系统中的综合应用 ………………………………………………	166
8.11	小结 ……………………………………………………………………………………	170
8.12	习题 ……………………………………………………………………………………	170

第9章　自定义数据类型：学生信息管理系统的自定义数据类型应用 ……… 172

9.1	结构体：学生信息管理系统中的定义与使用 …………………………………………	173
	9.1.1　结构体类型的定义 ………………………………………………………	173
	9.1.2　结构体变量的定义 ………………………………………………………	175
	9.1.3　结构体变量的使用 ………………………………………………………	177
9.2	结构体数组：学生信息管理系统中的定义与使用 ……………………………………	180
	9.2.1　结构体数组的定义 ………………………………………………………	180
	9.2.2　结构体数组的使用 ………………………………………………………	181
9.3	结构体指针：学生信息管理系统中的应用 ……………………………………………	183
	9.3.1　指向结构体变量的指针 ……………………………………………………	184
	9.3.2　指向结构体数组的指针 ……………………………………………………	185
	9.3.3　结构体作为函数参数 ……………………………………………………	187
9.4	链表：学生信息管理系统中的动态链表建立 …………………………………………	188
	9.4.1　链表概述 ……………………………………………………………………	189
	9.4.2　处理动态链表的函数 ……………………………………………………	191
	9.4.3　建立动态链表 ………………………………………………………………	192
9.5	共用体：学生信息管理系统中的定义与使用 …………………………………………	194
	9.5.1　共用体类型、共用体变量的定义 …………………………………………	194
	9.5.2　共用体变量的使用 ………………………………………………………	195
9.6	枚举类型：学生信息管理系统中的定义与使用 ………………………………………	197
	9.6.1　枚举类型及变量的定义 ……………………………………………………	197
	9.6.2　枚举变量的使用 …………………………………………………………	198
9.7	用 typedef 定义类型 …………………………………………………………………	199
9.8	自定义数据类型在学生信息管理系统中的综合应用 …………………………………	201
9.9	小结 ……………………………………………………………………………………	203
9.10	习题 ……………………………………………………………………………………	204

第10章　预处理命令：学生信息管理系统的预处理命令应用 ………………… 206

10.1	#define 在学生信息管理系统中的应用 ………………………………………………	207
	10.1.1　无参宏定义 ………………………………………………………………	207
	10.1.2　带参宏定义 ………………………………………………………………	211

10.2 #include 在学生信息管理系统中的应用 ……………………………………… 215
　　10.2.1 #include 语句的格式 …………………………………………… 215
　　10.2.2 文件包含使用方法 ……………………………………………… 215
10.3 条件编译命令：学生信息管理系统中的应用 ………………………………… 218
　　10.3.1 条件编译的一般格式 …………………………………………… 219
　　10.3.2 独特的 defined …………………………………………………… 221
10.4 预处理命令在学生信息管理系统中的综合应用 …………………………… 222
10.5 小结 ……………………………………………………………………………… 223
10.6 习题 ……………………………………………………………………………… 223

第 11 章 文件：学生信息管理系统的文件应用 …………………………………… 226

11.1 文件及基本操作：学生信息管理系统中的使用 …………………………… 227
　　11.1.1 文件和流的关系 ………………………………………………… 227
　　11.1.2 FILE * 文件指针 ………………………………………………… 228
　　11.1.3 文件的打开和关闭 ……………………………………………… 229
11.2 文件读写函数：学生信息管理系统中的应用 ……………………………… 234
　　11.2.1 字符/字节读写文件：fgetc( )/getc( ) 和 fputc( )/putc( ) ……… 234
　　11.2.2 字符串方式读写文件：fgets( )、fputs( ) ……………………… 236
　　11.2.3 指定大小块方式读写文件：fread( )、fwrite( ) ………………… 237
　　11.2.4 格式化方式读写文件 fprintf( )、fscanf( ) ……………………… 239
11.3 文件定位函数：学生信息管理系统中的应用 ……………………………… 240
　　11.3.1 2 GB 以下文件定位函数 ………………………………………… 240
　　11.3.2 大于 2 GB 文件的定位函数 ……………………………………… 242
11.4 其他函数 ………………………………………………………………………… 242
11.5 文件在学生信息管理系统中的综合应用 …………………………………… 243
11.6 小结 ……………………………………………………………………………… 246
11.7 习题 ……………………………………………………………………………… 246

第 12 章 综合训练：学生信息管理系统的开发与实现 …………………………… 248

12.1 开发背景及环境 ………………………………………………………………… 248
12.2 系统设计 ………………………………………………………………………… 249
　　12.2.1 系统目标 ………………………………………………………… 249
　　12.2.2 系统功能结构 …………………………………………………… 249
　　12.2.3 系统工作流程 …………………………………………………… 250
　　12.2.4 编码规则 ………………………………………………………… 250
12.3 公共模块设计 …………………………………………………………………… 251
　　12.3.1 数据结构设计 …………………………………………………… 251
　　12.3.2 公共模块设计 …………………………………………………… 251
　　12.3.3 主函数设计 ……………………………………………………… 256

  12.4 功能模块设计 …………………………………………………………… 257
    12.4.1 登录模块设计 …………………………………………………… 257
    12.4.2 用户管理模块设计 ……………………………………………… 259
    12.4.3 查询功能模块设计 ……………………………………………… 262
    12.4.4 数据维护模块设计 ……………………………………………… 269
    12.4.5 文件处理模块设计 ……………………………………………… 273
  12.5 小结 ……………………………………………………………………… 276
  12.6 习题 ……………………………………………………………………… 276

参考文献 ………………………………………………………………………… 278

附录 A ASCII 码表 ……………………………………………………………… 279

附录 B 运算符的优先级和结合性 ……………………………………………… 281

第1章 概述：认识C语言开发的学生信息管理系统

【学习目标】

- 了解C语言的发展
- 了解C语言的特点
- 熟悉C语言程序结构及格式
- 熟悉C程序的开发步骤
- 掌握使用Dev-C++、Visual C++编译器开发C程序的方法

  C语言作为一种通用的、过程式的编程语言，不仅具有高级语言的特点，还具有汇编语言的特点。目前排名靠前的编程语言的基本语法都源于C语言，所以C语言对于初学编程者来说是最好的选择，其中蕴含着程序设计的基本思想，可以让初学程序设计者快速入门。

  本章首先通过一个C语言开发的"学生信息管理系统"案例的展示，激发读者学习C语言的热情；其次，介绍C语言的发展、C语言特点及优势，使读者认识到C语言的重要性，了解如何学好C语言；再次，介绍C程序的开发步骤及开发环境，使读者能够通过编写一个简单的C语言程序，熟悉C语言的开发环境；最后，通过简单的程序了解C语言程序结构及格式。

1.1 认识C语言——学生信息管理系统案例展示

  学生信息管理系统不仅能实现对学生信息的快速输入，而且能实现对学生信息的增加、删除、修改和查找等操作，还能实现对学生成绩排序和学生信息存储等功能。

  【案例展示】学生信息管理系统的主功能菜单如图1-1所示，操作示例如图1-2、图1-3所示。

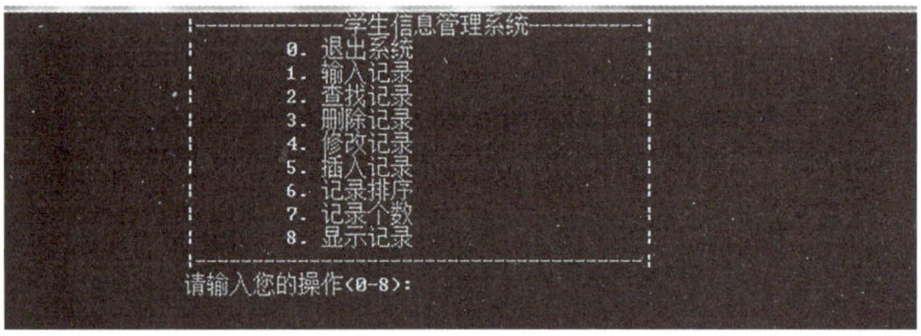

图 1-1 学生信息管理系统的主功能菜单

图 1-2 学生记录输入

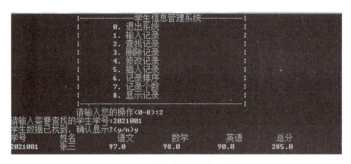

图 1-3 按学号查找记录

【案例分析】

学生信息管理系统分为 9 大功能模块,主要包括退出系统、输入记录模块、查找记录模块、删除记录模块、修改记录模块、插入记录模块、记录排序模块、记录个数模块、显示记录模块等。

运行学生信息管理系统,就会呈现图 1-1 所示的主功能菜单,供用户选择相应的功能操作。用户根据需要,输入相应的功能数字编号(0~8 中的一个),即可进入相应的功能操作。

用户在主功能菜单界面中输入数字编号 1,即可实现输入学生信息功能。提示用户输入学生学号、姓名、科目 1、科目 2、…、科目 n 等相关信息,录入结束后,系统自动将学生信息保存到磁盘文件中,并计算该学生的科目成绩总分。

在功能菜单界面中输入数字编号 2,即可实现查找记录功能。提示用户输入学号,然后根据输入的学号查找学生的相应信息。如果查找成功,就按用户需求显示该学生的信息;否则,系统给出"查找失败"的提示。

在功能菜单界面中输入数字编号 3,即可进入删除记录模块,此功能可以从磁盘中将学生的信息读出,从读取的信息中将想要删除学号的学生记录数据删除。

在功能菜单界面中输入数字编号4，即可进入修改记录模块，此功能会根据用户输入的学号进行查找，查找成功后列出此学生的所有信息，然后提示用户一步步地对学生信息进行修改，如果记录不存在，则提示"没有找到匹配信息"。

在功能菜单界面中输入数字5，即可进入插入记录模块，此功能可以在指定的位置插入新的学生信息，插入成功后，会提示"插入数据成功!"。

在功能菜单界面中输入数字6，即可进入记录排序模块，此功能可以对学生的总成绩从高到低排序，并将排序后的数据写回磁盘中保存。

在功能菜单界面中输入数字7，即可查看当前文件中学生记录的总数。

在功能菜单界面中输入数字8，即可进入显示记录模块，此功能可以使文件中的记录按指定的格式显示。

1.2 C语言的发展史

C语言的前身ALGOL语言。1963年，剑桥大学将ALGOL 60语言发展为CPL（Combined Programming Language）语言。

1967年，剑桥大学的Martin Richards对CPL语言进行了简化，推出了BCPL（Basic Combined Programming Language）语言。

1970年，美国贝尔实验室的Ken Thompson以BCPL语言为基础，设计出B语言（取BCPL的首字母），并用B语言编写了第一个UNIX操作系统。

1972年，美国贝尔实验室的D. M. Ritchie在B语言的基础上设计了一种新的语言，他取了BCPL的第二个字母命名这种新语言，这就是C语言。

为了推广UNIX操作系统，1977年D. M. Ritchie发表了不依赖于具体机器系统的C语言编译文本《可移植的C语言编译程序》。

1978年，美国电话电报公司（AT&T）贝尔实验室正式发表了C语言。后来由美国国家标准化协会（American National Standards Institute，ANSI）在此基础上制定了C语言标准，于1989年发表简称"C89"，又称之为ANSI C。

1990年，国际标准化组织（International Organization for Standards，ISO）采纳ANSI C，即ISO/IEC 9899—1990，通常简称"C90"。

1994年，ISO修订了C语言的标准。

1995年，ISO对C90做了一些修订。

1999年，ISO又对C语言标准进行修订，在基本保留原来C语言特征的基础上，针对应用的需要，增加了一些功能，命名为ISO/IEC 9899—1999。

2001年和2004年先后进行了两次技术修正。

2011年12月8日，ISO正式公布C语言新的国际标准——ISO/IEC 9899—2011，即C11。

目前流行的C语言编译系统大多是以ANSI C为基础进行开发的，不同版本的C编译系统所实现的语言功能和语法规则略有差别。

1.3　C 语言的特点及优势

C 语言具备了高级语言和低级语言的特点。

（1）语言简洁、紧凑、使用方便、灵活。C 语言共有 44 个关键字，9 种控制语句；程序书写自由，主要用小写字母表示；压缩了一切不必要的成分。

（2）运算符和数据类型丰富。C 语言共有 34 种运算符；它把括号、赋值、强制类型转换都作为运算符处理。灵活使用这些运算符，就可以实现其他高级语言难以实现的操作。C 语言的数据类型有整型、实型、字符型、数组类型、指针类型、结构体类型、共用体（联合）类型等，能用来实现复杂的数据结构（链表、树、栈、图）的运算。

（3）结构化、模块化的控制语句。C 语言有 9 种控制语句，可以实现结构化的程序设计。C 程序由若干程序文件组成，一个程序文件由若干函数构成。C 语言用函数作为程序的模块，便于按模块化的方式组织程序，层次清晰，易于调试和维护。

（4）C 语言是中级语言。C 语言可以直接访问物理地址，进行位操作，能实现汇编语言的大部分功能，可以直接对硬件操作。

（5）语法限制不太严格，程序设计自由度大。一般的高级语言语法检查比较严格，能检查出几乎所有的语法错误，而 C 语言允许程序员有较大的自由度，放宽了语法检查。

（6）目标代码质量高，可移植性好。

C 语言既具有高级语言的特点，又具有汇编语言的特点，因此可用于开发系统应用程序，也可用于开发不依赖计算机硬件的应用程序。除此之外，**C 语言相对其他编程语言还具有以下优势。**

（1）C 语言是一种过程性程序设计语言，它的发展贯穿了计算机软件发展的历程。目前排名前几位编程语言的基本语法都源于 C 语言，其蕴含了程序设计的基本思想，囊括了程序设计的原理。

（2）从统计数据看，目前相当多的设备驱动程序是使用 C 语言开发的。C 语言还被用来开发操作系统，目前应用最广泛的 Windows、Linux 和 UNIX 三大操作系统，其核心代码都有 C 语言的贡献。

（3）与其他编程语言相比，C 语言具有实现相同功能所需的代码少、程序运行效率高等特点。因此，许多早期的高质量防止木马、病毒、恶意代码、漏洞攻击的程序，都选择 C 语言作为开发工具。

（4）C 语言语法精练、简洁，与许多程序设计语言在语法上存在相似性。它是 Java、C++、C#、JavaScript 等程序设计语言学习的基础。因此，有了 C 语言编程基础后学习其他程序设计语言，将起到事半功倍的效果。

（5）C 语言作为世界上最流行的编程语言已存在多年。这些年来，在不同的操作系统和应用领域中，由 C 语言开发的代码数不胜数，为后续开发者提供了大量可以重复利用的现成代码，这不但提高了软件的开发速度，还可以节省开发成本。

（6）目前，C 语言仍然是软件开发企业普遍需要员工掌握的语言。因此，很多软件开发企业将是否掌握 C 语言以及掌握到何种程度作为评判一位应聘者基本能力的重要条件。

（7）绝大多数的嵌入式设备都支持 C 语言开发，从微波炉到手机，从洗衣机到飞行控制系统，很多与人类生产、生活密切相关的设备，其运行的程序都可以由 C 语言开发。

如何学好 C 语言？

（1）建议读者多学习 C 语言的学习资料，可以从相关图书、网站等得到参考。对于 C 语言的初学者来说，通过上述途径基本上能够解决常见问题。书读百遍，其义自见。

（2）大量阅读例题或他人的程序代码，理解他人的编程思路，从中吸取编程经验，将经典代码融会贯通。

（3）作为 C 语言的初学者，勤于思考、多练习编写 C 语言程序，是必不可少的环节。熟能生巧，不断在实验环境中巩固知识、提升能力。

（4）以科学批判及反思精神对课程内容进行分析、归纳、总结和评价。

1.4 搭建 C 语言编程环境

用 C 语言编写的源程序必须经过编译和连接才能运行，这就需要用到 C 编译系统。目前使用的大多数 C 编译系统都被集成在某个集成开发环境（IDE）中，即把程序的编辑、编译、连接和运行等操作全部集中在一个界面中进行。

C 语言开发环境有很多，如 Linux 操作系统下的 GCC，Windows 操作系统下的 Turbo C 2.0、Turbo C++ 3.0、Dev-C++、C-Free 和 Visual C++ 6.0 等。接下来，以 Dev-C++和 Visual C++ 6.0 为例进行介绍。

1.4.1 Dev-C++

Dev-C++是一个运行在 Windows 操作系统下的 C 和 C++程序的集成开发环境，使用 MingW32/GCC 编译器，遵循 C/C++标准。由于 Dev-C++本身较为小巧和快速，所以很多初学者选择该环境。

1. 启动 Dev-C++

在安装 Dev-C++之后，执行"开始"菜单中的"Dev-C++"命令（或双击桌面上的"Dev-C++"快捷方式图标），可启动开发环境，进入 Dev-C++界面，如图 1-4 所示。

Dev-C++界面支持多种语言，要显示中文版界面，可在主菜单"Tools"中选择"Environment Options"选项，在弹出的对话框中选择"General"选项卡，在"Language"下拉列表中选择"简体中文/Chinese"选项，然后单击"OK"按钮即可，如图 1-5 所示。

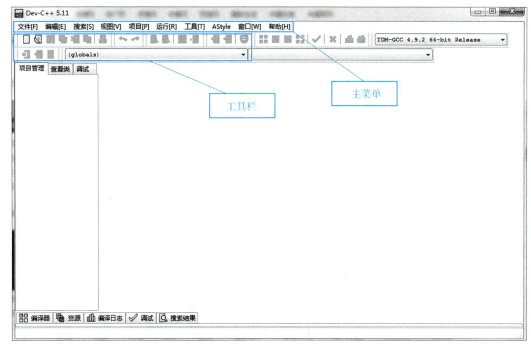

图 1-4　Dev-C++界面

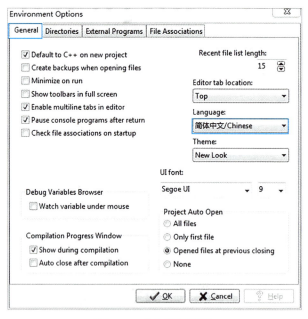

图 1-5　中文界面设置

2. 新建源程序

在编写程序前,要创建一个新的文件。具体方法:在 Dev-C++界面中选择"文件"→"新建"→"源代码"菜单项,或者按【Ctrl+N】组合键,这样就可以创建一个新的文件，如图 1-6 所示。接下来，就可以在编辑区域编写 C 语言程序了。

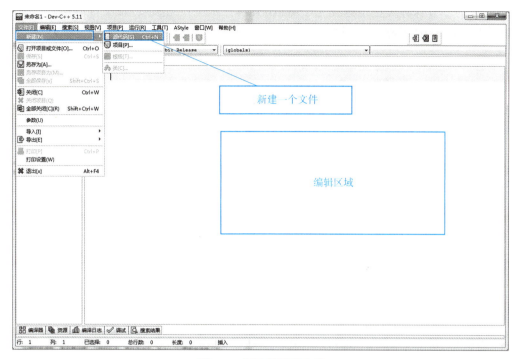

图 1-6　新建源代码文件

如图 1-7 所示，输入 C 语言源程序。

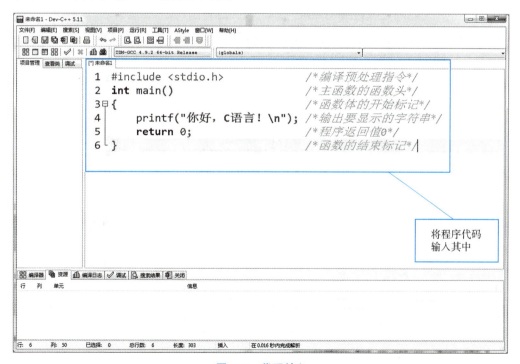

图 1-7　代码输入

选择"文件"→"保存"菜单项,弹出"保存为"对话框,如图1-8所示。选择要保存文件的路径,在保存类型中选择"C source files(*.c)"选项,在文件名中输入源程序的名称,然后单击"保存"按钮。

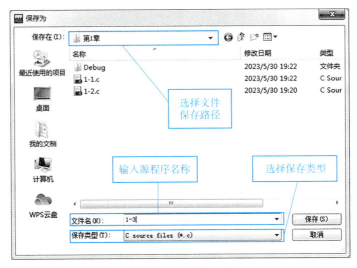

图1-8 源文件保存

3. 编译和连接程序

选择"运行"→"编译"菜单项,或者按【F9】快捷键,也可单击工具栏中的"编译"工具按钮,都可以一次性完成程序的预处理、编译和连接过程,如图1-9所示。

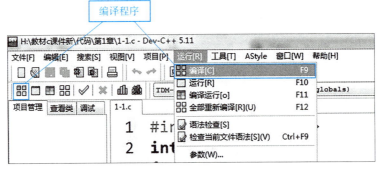

图1-9 编译程序

编译结束后,如果编译正确,编译器将在屏幕下半部分的"编译日志"标签页中显示编译结果,如图1-10所示。

图1-10 显示编译结果

如果程序中有语法等错误,则编译过程失败,编译器将在屏幕下半部分的"编译器"

标签页中显示错误信息，并将源程序相应的错误行标记红色底色，如图 1-11 所示。

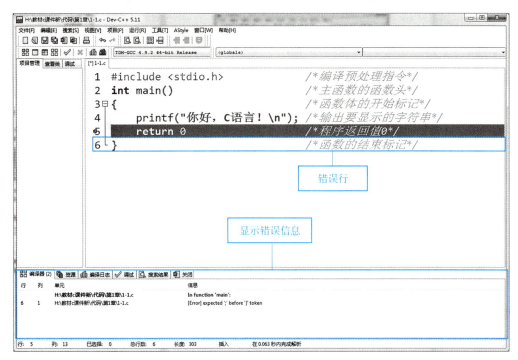

图 1-11　错误提示

4. 运行程序

程序编译通过后即可运行程序，为此，可选择"运行"→"运行"菜单项，或者按快捷键【F10】，也可在工具栏中单击"运行"工具按钮，如图 1-12 所示。

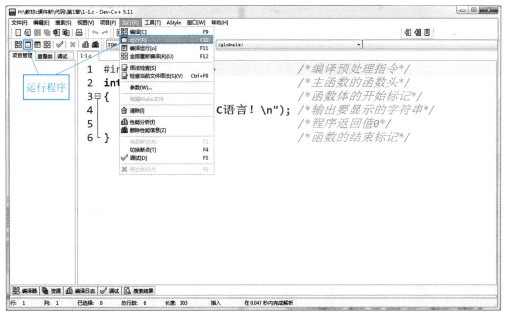

图 1-12　程序的运行

Dev-C++还支持编译、运行一键完成，为此，可选择"运行"→"编译运行"菜单项，或者按快捷键【F11】，也可单击工具栏中的"编译运行"按钮，如图1-13所示。

图1-13　编译并运行程序

程序执行后，会弹出输出结果窗口，如图1-14所示。第一行为程序的输出，下面几行都是Dev-C++默认输出，包括分割线、程序运行时间与返回值等提示信息。此时，可按任意键结束程序运行并关闭该窗口。

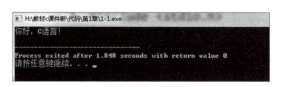

图1-14　程序运行结果

1.4.2　Visual C++

Visual C++ 6.0 是一个功能强大的可视化软件开发工具，它集合了程序的代码编辑、程序编译、连接、运行和调试等功能。Visual C++ 6.0 也是全国计算机等级考试（二级）中指定的编译器。

1. 启动 Visual C++ 6.0

安装完成 Visual C++ 6.0 后，执行"开始"菜单中的"Microsoft Visual C++ 6.0"命令，或者双击桌面上的"Visual C++ 6.0"图标，可启动 Visual C++ 6.0 开发环境，得到图1-15所示的操作界面。

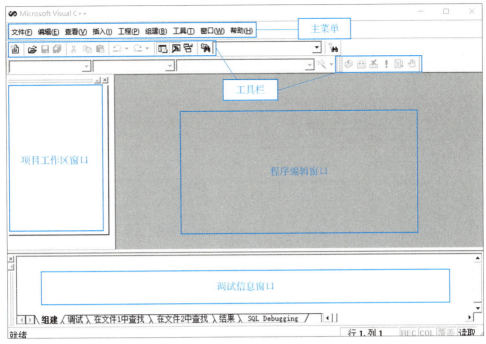

图 1-15　Visual C++ 6.0 工作界面

2. 新建一个 C 源程序

（1）在 Visual C++ 6.0 主窗口的主菜单栏中选择"文件"选项，然后在其下拉菜单中单击"新建"按钮，如图 1-16 所示。

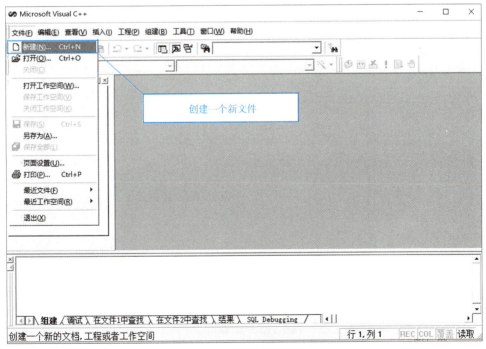

图 1-16　新建菜单选项

（2）此时会弹出"新建"对话框，如图 1-17 所示。选择此对话框左上角的"文件"选项卡，选择其中的"C++ Source File"选项；在右侧的"文件名（N）"文本框中输入源程序文件的名称，如图 1-17 中输入"1-1.c"；"位置(C)"文本框中是源文件的保存地址，可以通过单击右侧的按钮 … 修改源文件存储路径。

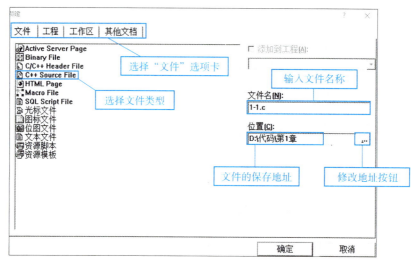

图 1-17　新建文件类型选择

（3）单击图 1-17 中的"确定"按钮后，回到 Visual C++ 6.0 主窗口，此时光标在程序编辑窗口闪烁，表示程序编辑窗口已激活，可以编辑源程序了。输入程序，如图 1-18 所示。在图最下面一行的矩形框中显示了"行 6，列 50"，表示光标的当前位置在第 6 行、第 50 列。当光标位置改变时，显示的数字也随之改变。

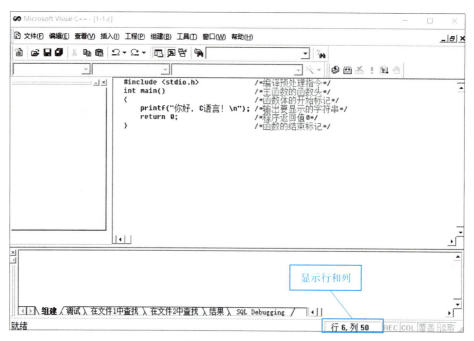

图 1-18　程序编辑

(4) 在主菜单栏中选择"文件"选项，在其下拉菜单中选择"保存"菜单项，保存文件，如图1-19所示。也可以单击工具栏中的"保存"按钮，或者按【Ctrl+S】组合键来保存文件。

图1-19 保存文件

3. 编译程序

（1）在Visual C++ 6.0环境中编译源程序，可单击主菜单栏中的"组建"按钮，然后在其下拉菜单中选择"编译［1-1.c］"菜单项，如图1-20所示。也可以单击工具栏中的"编译"按钮，或者按【Ctrl+F7】组合键来编译程序文件。

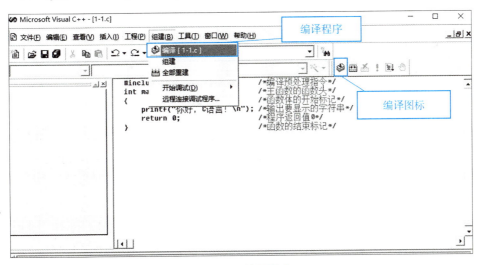

图1-20 编译程序

（2）在选择编译命令后，屏幕上出现一个对话框，如图1-21所示。该对话框是询问操作者是否同意建立一个默认的项目工作区。单击"是（Y）"按钮，表示同意由系统建立默认的项目工作区，然后开始编译程序。

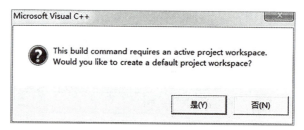

图 1-21　自动新建一个默认的项目工作区

（3）编译时，编译系统会详尽检查源程序中有无语法错误，然后在主窗口下部的调试信息窗口输出编译信息，如图 1-22 所示。1-1.c 的编译信息为"0 error(s), 0 warning(s)"，且产生了一个名为"1-1.obj"的目标文件。

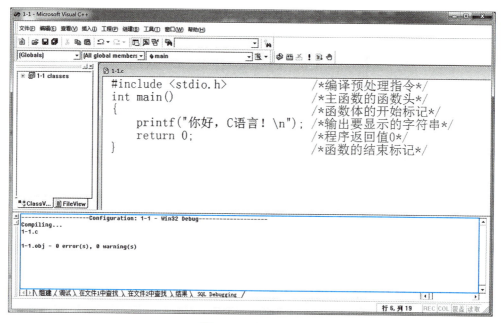

图 1-22　编译结果

如果程序中存在语法错误，则会在调试信息窗口中输出错误提示信息。如图 1-23 所示，编译信息为"1 error(s), 0 warning(s)"，说明有一个错误。双击错误提示语，就会有箭头指向对应的有错误的代码行。在修改错误后再编译，直到没有错误为止。

4. 连接程序

在得到目标程序"1-1.obj"后，还需要进行连接，方可生成可执行文件。此时，选择"组建"→"组建 [1-1.exe]"选项，如图 1-24 所示。也可以单击工具栏中的"组建"工具按钮，或按【F7】快捷键来组建程序文件。

组建程序后，得到可执行文件，结果如图 1-25 所示。在主窗口下部的调试信息窗口输出连接信息"1-1.exe - 0 error(s), 0 warning(s)"，表示生成可执行文件"1-1.exe"，零个错误和零个警告。

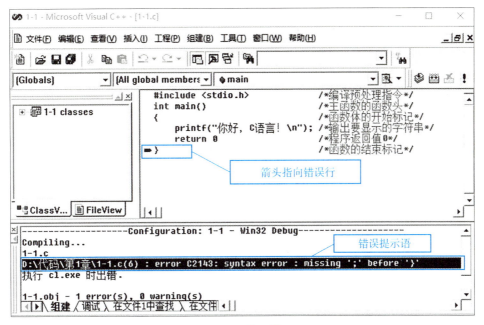

图 1-23　错误提示

图 1-24　组建程序选择菜单

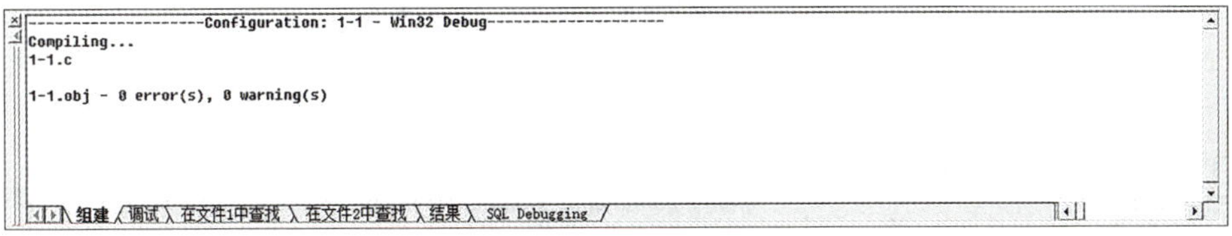

图 1-25　组建结果

5. 运行程序

在得到可执行文件后，就可以直接运行"1-1.exe"。为此，可选择"组建"→"执行 [1-1.exe]"菜单，如图 1-26 所示。也可以单击工具栏中的"运行"按钮 ![，或者按【Ctrl+F5】组合键来执行程序。

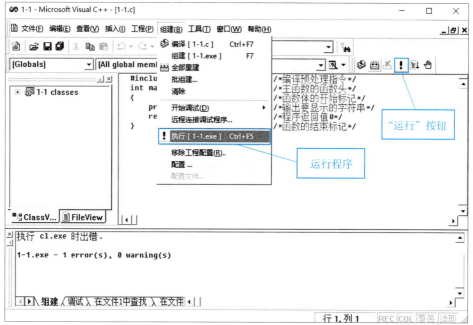

图 1-26 运行程序

1.5 简单 C 语言程序结构

本节以一个简单的例子说明 C 语言程序的基本结构。

【案例 1-1】C 语言程序结构。

【案例描述】

打印"Hello world!"

【代码编写】

```
#include <stdio.h>              /*编译预处理命令*/
int main()                      /*主函数*/
{
    printf("Hello world! \n");  /*输出函数*/
    return 0;                   /*返回值*/
}
```

【案例分析】

案例 1-1 的程序是一个由头文件和主函数组成的简单 C 语言程序，下面分别解释各行代码的意义。

第 1 行：

#include <stdio. h>

这是一个预处理操作。include 称为文件包含命令，后面尖括号中的内容称为头文件，stdio. h 是 C 语言的系统文件，stdio 是"standard input & output（标准输入输出）"的缩写，. h 是文件的扩展名。由于程序的第 4 行使用了库函数 printf( )，编译系统要求程序提供有关此函数的信息（例如，对这些输入输出函数的声明和宏的定义、全局变量的定义等），所以此处需要这条命令。

第 2 行：

int main()

这一行代码是函数头，其中 main 是函数的名称，表示此为主函数，main 前面的 int 表示函数的返回值是 int 类型（整型）。每个 C 语言程序都必须有一个 main( )主函数。

第 3 行~第 6 行：

{
　　printf("Hello world! \n");
　　return 0;
}

由花括号 { } 括起来的部分是函数体，该程序主函数的函数体由两条语句构成，每条语句后都要加分号，表示语句结束。其中，printf( )是 C 编译系统提供的函数库中的输出函数，用来在屏幕输出内容，输出语句中双引号中间可以是字母、符号及中文字符等；语句"return 0;"的作用是当 main( )主函数执行结束前将整数 0 作为函数值，返回调用函数处。

在程序各行的右侧都可以看到一段关于这行代码的文字描述（用/*　*/括起来），称为代码注释。其作用是对代码进行解释说明，为日后自己阅读或者他人阅读源程序时方便理解程序代码含义和程序设计思路。

C 语言允许用两种注释方式：

（1）以//开始的单行注释。这种注释既可以单独占一行，也可以出现在一行中其他内容的右侧。此种注释的范围从//开始，以换行符结束，即这种注释不能跨行。若注释内容在一行内写不完，也可以采用多个单行注释。如：

printf("Hello world!\n");　　　　　　　//输出要显示的字符串

（2）以/ * 开始，以 * /结束的块式注释。这种注释既可以单独占一行，也可以包含多行。编译系统在发现一个/*后,会开始向后查找注释结束符*/,并把二者间的内容作为注释,如案例1-1中的注释。

通过对案例1-1的介绍,我们可以看到一个C语言程序的结构主要有以下特点:

(1) 一个C程序由一个(或多个)源程序文件组成。一个规模较小的程序,往往只包括一个程序文件。本书中的例子大多是基于一个源程序文件的。

(2) C程序是由函数构成的,函数是C程序的基本单位。任何一个C语言源程序必须包含一个且仅包含一个main()主函数,可以包含零个或多个其他函数。

(3) 一个函数由两部分组成:函数头和函数体。函数头如案例1-1中的"int main()"。函数体为函数头下面花括号 {} 内的部分。若一个函数内有多个花括号,则最外层的一对 {} 为函数体的范围。

(4) 一个C程序总是从main()主函数开始执行,到main()主函数结束,其与main()主函数所处的位置无关(main()主函数既可以位于程序的开始位置,也可以位于程序的末尾,还可以位于一些自定义函数的中间)。

(5) C程序的每个语句最后必须有一个分号,表示语句结束。分号是C语句的必要组成部分,必不可少。

(6) 一个好的、有使用价值的源程序都应当加上必要的注释,以增加程序的可读性。

1.6 小结

通过本章的学习,应重点掌握以下内容:

(1) 为了以后在编程中少犯格式上的错误,应重点掌握C语言程序结构(图1-27)及其格式特点。

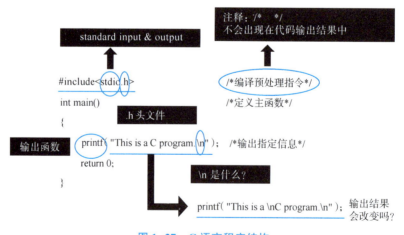

图1-27 C语言程序结构

(2) 熟练掌握Dev-C++和Visual C++ 6.0开发环境的使用。

总体而言,C语言程序设计是一门实践性非常强的课程,只有多编写程序、多调试程序,才能从实践中学到真谛,才能掌握这门课程的要领。

1.7 习题

1. 思考题。
思考学习 C 语言程序设计的好处。
2. 填空题。
（1）计算机程序设计语言的发展，经历了从 _____、_____ 到 _____ 的历程。
（2）C 语言是在 _____ 语言的基础上发展而来的。
（3）每个 C 语言程序中有且只有一个 _____ 函数，它是程序的入口和出口。
（4）引用 C 语言标准库函数，一般要用 _____ 预处理命令将其头文件包含进来。
（5）C 语言的源程序必须通过 _____ 和 _____ 后，才能被计算机执行。
3. 选择题。
（1）C 语言属于（   ）。
A. 机器语言　　　　B. 低级语言　　　　C. 中级语言　　　　D. 高级语言
（2）C 语言程序能够在不同的操作系统下运行，这说明 C 语言具有很好的（   ）。
A. 适应性　　　　B. 移植性　　　　C. 兼容性　　　　D. 操作性
（3）一个 C 语言程序是由（   ）。
A. 一个主程序和若干子程序组成　　　　B. 函数组成
C. 若干过程组成　　　　D. 若干子程序组成
（4）C 语言规定，在一个源程序中，main( ) 主函数的位置（   ）。
A. 必须在最开始　　　　B. 必须在系统调用的库函数的后面
C. 可以任意　　　　D. 必须在最后
（5）C 语言程序的执行，总是起始于（   ）。
A. 程序中的第一条可执行语句　　　　B. 程序中的第一个函数
C. main( ) 主函数　　　　D. 包含文件中的第一个函数
（6）下列说法中正确的是（   ）。
A. C 语言程序书写时，不区分大小写字母
B. C 语言程序书写时，一行只能写一个语句
C. C 语言程序书写时，一个语句可分成几行书写
D. C 语言程序书写时，每行必须有行号
4. 操作题。
（1）请独立安装 C 语言编程软件，搭建 C 语言开发环境。
（2）编写一个简单的 C 语言程序，输出"我爱你，中国"。

第 2 章　编程基础：开发学生信息管理系统前的准备

【学习目标】

- 掌握变量、常量、关键字、标识符、数据类型等概念
- 掌握常量和变量的使用方法
- 熟悉各种数据类型的特点
- 掌握使用赋值运算符、算术运算符和逗号运算符进行运算的方法
- 熟悉使用位运算符进行运算的方法
- 掌握关系运算、逻辑运算及其表达式的应用
- 掌握使用条件运算符和条件表达式的使用方法
- 掌握不同数据类型之间转换的方法

通过对第 1 章的学习，大家对 C 语言已有初步认识，接下来将由浅入深地学习 C 语言编程基础，为开发学生信息管理系统做准备工作。

本章首先通过一个简单的 C 语言程序，介绍 C 程序的组成元素，并由此引入变量、常量、关键字、标识符、数据类型等概念；其次，介绍 C 语言中涉及的常量的使用方法、变量的定义和使用方法、数据类型的转换方法；最后，介绍用 C 语言编写的学生信息管理系统中涉及的各种运算符和表达式，以便读者为后续编程打下基础。

2.1　C 语言程序组成元素：学生信息管理系统中涉及的元素

首先，看一个简单的 C 程序：

```
#include <stdio.h>           /*编译预处理指令*/
int main()                   /*主函数的函数头*/
```

```
{                                   /*函数体的开始标记*/
    int x,y,z;                      /*定义3个整型变量*/
    scanf("%d%d",&x,&y);            /*运行程序时,分别为x,y输入整数值*/
    z=x+y;                          /*计算x+y的值,将结果赋值给z*/
    printf("x=%d,y=%d,z=%d\n",x,y,z); /*依次输出x,y,z的值*/
    return 0;                       /*程序返回值0*/
}                                   /*函数的结束标记*/
```

由这个程序可以看出，C程序中主要包括了常量、变量、关键字、运算符等。

2.1.1 变量和常量

变量，是指程序运行过程中其值可以改变的量，如上例中的x,y,z。
常量，是指程序运行过程中其值不变的量，如上例中的0。

2.1.2 关键字

C语言中规定具有特别意义的字符串称为关键字，亦称保留字。C语言的关键字共有44个，如表2-1所示。

表2-1 C语言的关键字

aoto	break	case	char	const	continue
double	else	enum	extern	float	for
int	long	register	return	short	signed
struct	switch	typedef	union	unsigned	void
default	do	goto	if	sizeof	static
volatile	while	inline	restrict	_Bool	_Complex
_Generic	_Alignas	_Alignof	_Atomic	_Imaginary	_Noreturn
_Static_assert	_Thread_local				

2.1.3 标识符

标识符用来标识变量名、符号常量名、函数名等的字符序列。
标识符的规则：
（1）只能由字母、数字、下划线组成，且第一个字符必须是字母或下划线，不能是数字。

注意：
操作系统和库通常使用以一个（或两个）下划线开始的名称（如_mode、_cleft），因此最好避免以下划线开头。虽然以下划线开头不是语法错误，但会造成名称的混乱。

（2）要"见名知意"。例如，sum、area、weight。

（3）大小写敏感。例如，a 与 A 是不同的标识符。

（4）不能使用关键字或预定义标识符，预定义标识符也具有特定含义。它们虽然不是关键字，但习惯上把它们看成关键字，所以不要用它们作为标识符，包括以下划线字符开始的标识符、编译预处理命令和标准库函数的名字，如_mode、define、undef、include、ifdef、ifndef、endif、sin、cos、line 等。

2.1.4 数据类型

数据是操作的对象，数据类型是指数据的内在表现形式（代码、存储、运算）。在 C 语言中，为了指明每个变量、函数可存储什么类型的数据，以及可以进行哪些运算或操作，系统提供了多种数据类型。数据类型决定数据占内存字节数、数据取值范围及其可进行的操作。所以，数据类型不同，其在内存中占用的存储空间大小也有所不同。

在 C 语言中，数据类型可分为四类——基本类型、构造类型、指针类型和空类型，如图 2-1 所示。其中，基本类型可分为整型、实型、字符型和枚举型；构造类型包括数组类型、结构体类型和共用体类型。本章只介绍初学者常用的基本数据类型，其他数据类型将在后面项目中介绍。

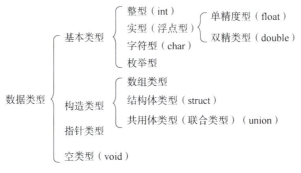

图 2-1　C 语言中的数据类型

2.2 常量：学生信息管理系统中涉及的常量

在程序运行过程中，其值不能被改变的量称为常量；常量通常用于为变量赋值，使用时无须事先声明。C 语言中规定的常量类型有五种：整型常量、实型常量、字符常量、字符串常量和符号常量。

2.2.1 整型常量

整型常量即整常数，C 语言中的整型数据可以有以下四种表示形式：

（1）二进制整数。二进制是计算机中普遍采用的一种数制。二进制数据的基数为 2，它只用 0 和 1 两个符号来表示数据，进位规则是"逢二进一"，如 01100100。

（2）十进制整数，如 18、-175。

（3）八进制整数。八进制由 0~7 这 8 个符号表示，进位规则是"逢八进一"。如八进制数 0154 对应的十进制数为 $1×8^2+5×8^1+4×8^0=108$。

（4）十六进制整数。十六进制数以 0x 或 0X 开头，只能用 0~9 这 10 个数字及字母 A~F 组合表达。其中，A 代表数值 10，B 代表数值 11，依此类推，F 代表数值 15。例如，0x15F 对应的十进制数为 $1×16^2+5×16^1+15×16^0=351$。

提示：

在十六进制中，字母 A~F 既可以使用大写形式，也可以使用 a~f 小写形式。

2.2.2 实型常量

实型常量是指带小数的数值，即实数，又称浮点数。C 语言中的实型常量只能采用十进制形式表示，其表示方式有两种：

（1）十进制小数形式，如 0.13、5.0、-14.5。

（2）十进制指数形式，通常用来表示一些比较大或者比较小的数值，格式如下：

$$实数部分+字母 E（或 e）+正负号+整数部分$$

其中，字母 E（或 e）表示十次方，正负号表示指数部分的符号，整数为幂的大小。字母 E（或 e）之前必须有数字，之后的数字必须为整数。例如，2.1E5 表示 $2.1×10^5$，3.7E-2 表示 $3.7×10^{-2}$；0.0013 可表示为 $1.3e^{-3}$，-1482.5 可表示为 $-1.4825e^3$。

2.2.3 字符常量

字符常量包括普通字符和转义字符。

1. 普通字符

用单撇号括起来的一个字符，如'a'、'8'、'$'、'b'、'B'，不能写成'a8'或'$8'。请注意单撇号只是界限符，字符常量只能是一个字符，不包括单撇号。'B'和'b'是不同的字符常量。字符常量存储在计算机存储单元中时，并不是存储字符（a，b 等）本身，而是以其代码（一般采用 ASCII 码）存储的，例如字符'a'的 ASCII 代码是 97，因此，在存储单元中存放的是 97（以二进制形式存放）。ASCII 代码字符与代码对照表见附录 A。

2. 转义字符

除了以上形式的字符常量外，C 语言还允许用一种特殊形式的字符常量，就是以字符"\"开头的字符序列。例如前面已经在 printf() 函数中遇到过的'\n'代表一个"换行"符；'\r'代表一个"回车"符，将光标当前位置移到本行的开头。常见的以"\"开头的特殊字符见表 2-2。

表 2-2 转义字符

字符形式	含 义
\n	换行，将当前位置移到下一行的开头
\t	水平制表（跳到下一个 Tab 位置）
\b	退格，将当前位置移到前一列
\r	回车，将当前位置移到本行开头
\f	换页，将当前位置移到下页开头
\\	反斜杠字符"\"
\'	单引号字符
\"	双引号字符
\ddd	1~3 位八进制数所代表的 ASCII 字符
\xhh	1~2 位十六进制数所代表的 ASCII 字符

表 2-2 中列出的字符称为"转义字符"，意思是将"\"后面的字符转换成另外的意义，如"\n"中的"n"不代表字母 n 而作为"换行"符。表中倒数第 2 行的"\ddd"是一个以八进制数表示的字符，例如 '\101' 代表八进制数 101 的 ASCII 字符，即 'A'。

2.2.4 字符串常量

C 语言除了可以处理单个字符外，还可以处理多个字符组成的常量，称为字符串常量。字符串常量是一对双引号（" "）括起来的一个（或多个）字符，例如,"A"、"ABC"、"123"、"\n\t"、"\nGood morning"、"How are you?"等。

C 语言在存储字符串常量时，系统会在每个字符串尾自动加一个 '\0' 作为字符串结束标志。例如：

'A' | 0x41 | "A" | 0x41 | \0 |

提示：

字符'A'和字符串"A"是不同的。C 语言中规定字符串必须有结束标志，结束标志为字符'\0'（其 ASCII 码值为 0）。因此，字符串"A"实际上包含两个字符，即 'A' 与 '\0'，占 2 字节，而字符'A'只占 1 字节。

字符常量与字符串常量的区别如下：

（1）字符常量由单引号括起来，字符串常量由双引号括起来。
（2）字符常量只能是单个字符，字符串常量则可以是零个或多个字符。
（3）字符常量占 1 字节的内存，字符串常量占的内存字节数等于字符串中字节数加 1，最后一个字节存放字符 '\0' 作为字符串结束标志。

2.2.5 符号常量

C 语言中可用一个标识符来表示一个常量，称为符号常量，又称宏定义。符号常量必须在使用前定义，其定义规则如下：

```
#define 标识符 常量
```

例如：

```
#define PI 3.1415926
```

其含义是以标识符 PI 来代表数据 3.1415926。宏定义命令之后，程序中凡是用到 3.1415926 的位置都可以用标识符 PI 代替。

注意：
(1) 符号常量名应遵守标识符命名规则。
(2) 习惯上，符号常量的标识符用大写字母，变量标识符用小写字母，以示区别。
(3) 此定义为宏预处理，行末没有分号。
(4) 符号常量不占内存，它只是一个临时符号，在预编译时用值代替名。

宏定义的作用是给常量起"别名"，利用它可以增强程序的可维护性和可读性。例如，当需要修改某一常量值时，只要修改宏定义中的常量值即可，而不必在程序各处逐一修改。有关宏定义的内容会在后续内容中详细介绍。

【案例 2-1】 学生信息管理系统项目中符号常量的使用。

【案例描述】
已知每班学生人数固定为 30 人，假设班级数为 10，求总人数。

【代码编写】

```c
#include <stdio.h>
#define REN 30
void main()
{   int num,total;
    num=10;
    total=num*REN;
    printf("total=%d",total);
}
```

【运行结果】

【案例分析】
在本例中，可以使用符号常量来表示班级固定人数，在 main() 主函数中定义了 2 个变量（num 和 total），分别表示班级数和学生总数。经过计算就可以得到总人数，最后将计算

结果显示出来。

想一想：

编写程序。已知圆的半径，求圆的周长和面积。

【参考代码】

```c
#include <stdio.h>
#define PI 3.1415926                          /*使用符号常量表示圆周率*/
int main()
{
    double r,l,s;                             /*定义半径r,周长l和面积s*/
    printf("请输入圆的半径:");                /*输出提示语*/
    scanf("%lf",&r);                          /*输入半径r的值*/
    l=2*PI*r;                                 /*计算周长l*/
    s=PI*r*r;                                 /*计算面积s*/
    printf("圆的周长为%f,圆的面积为%f\n",l,s); /*输出周长l和面积s*/
    return 0;                                 /*程序返回值0*/
}
```

2.3 变量：学生信息管理系统中涉及的变量

变量是指在程序运行中其值是变化的量。变量有三要素——变量名、变量值和存储空间，如图2-2所示。

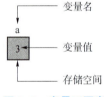

图2-2 变量三要素

变量名即变量的名字，是用户定义的标识符，如图2-2中的a就是变量名。

变量值，即存储空间中所存放的变量的值，如图2-2中的3即变量值。

存储空间是指变量在内存中占用的存储单元，存储空间的大小由变量的数据类型决定。

一个变量在内存中占据一定的存储单元。每个变量应该有一个名字，对应一定大小的内存空间，变量的名字必须满足C语言关于标识符的规定，变量在使用之前必须被声明。

变量的声明一般放在函数体的开头部分。变量声明的形式如下：

类型说明符 变量名表；

例如：

```
float f1 = 3.254;          /*定义单精度实型变量f1并赋值*/
f1 = 34.7;                 /*为变量f1重新赋值*/
```

> **注意**：
> （1）每一个变量都有名字、类型和值。
> （2）对变量赋值的过程是"覆盖"过程，用新值替换旧值。

变量的初始化：C语言允许在定义变量的同时给变量赋值，称为变量的初始化。变量初始化的一般格式如下：

```
数据类型标识符   变量名1=初值1,变量名2=初值2,…,变量名n=初值n;
```

例如：

```
int a=4;
float f=4.56;
char c='a';
int a=1,b=-3,c;
int a=3,b=3,c=3;
```

也可以对一部分被定义的变量赋初值。例如：

```
int a,b,c=5;
```

如果对a,b,c三个变量赋初值3，则应写成

```
int a=3,b=3,c=3;
```

而不能写成：

```
int a=b=c=3;
```

语句"int a=3;"相当于"int a; a=3;"。

C语言中规定的变量类型有三种：整型变量、实型（浮点型）变量和字符变量。

2.3.1 整型变量

整型变量是用于存放整型数据的变量。整型变量的分类如表2-3所示。

表 2-3　整型变量的分类

类型名称	类型说明符	字节数	数值范围
基本整型	int	4	-2147483648～2147483647
短整型	short	2	-32768～32767
长整型	long	4	-2147483648～2147483647
无符号基本整型	unsigned	4	0～4294967295
无符号短整型	unsigned short	2	0～65535
无符号长整型	unsigned long	4	0～4294967295

有符号整数是指数值可以带正号、负号，所以需要一个符号位；无符号整数是指数值只有正数，所以可以去掉符号位。默认情况下，C 语言中的整型变量都是有符号的。

为了适应不同的应用场合，C 语言提供了多种整数类型，其长度各不相同。考虑到有些程序所需的数很大，C 语言为此提供了长整型（用关键字 long 表示）；如果程序中整数的值都不大，为了节省空间，可使用 C 语言提供的短整型（用关键字 short 表示）。

例如，有符号短整型数据溢出。代码如下：

```c
#include <stdio.h>
int main()
{
    short a,b;                    /*定义两个短整型变量a和b*/
    a=32767;                      /*将值32767赋给变量a*/
    b=a+1;                        /*将a的值加1后赋给变量b*/
    printf("a=%d,b=%d\n",a,b);    /*输出a和b的值*/
    return 0;                     /*函数返回值*/
}
```

运行结果：

该代码中定义的变量 a 和 b 都是有符号的短整型，其取值范围为 -32768～32767，所以无法表示大于 32767 或者小于 -32768 的数，所以当 a 的值加 1 变成了 32768 后就发生了"溢出"。但运行时并不报错，达到最大值以后，又从最小值开始计数。所以 32767 加 1 后得到的结果不是 32768，而是 -32768。

2.3.2 实型变量

整数类型并不适用于所有应用。例如，有时需要变量能够存储带小数点的数，或者能够存储极大数或极小数。

实型（浮点型）变量可用于存储实型数据的变量。实型变量根据精度可以分为单精度类型、双精度类型和长双精度类型3种类型。具体的关键字表示和各类型的取值范围如表2-4所示。

表 2-4 实型变量的分类

类型名称	类型说明符	字节数	精度	数值范围
单精度实型	float	4	6个数字	0 以及 $1.2×10^{-38} \sim 3.4×10^{38}$
双精度实型	double	8	15个数字	0 以及 $2.3×10^{-308} \sim 1.7×10^{308}$
长双精度实型	long double	12	15个数字	0 以及 $2.3×10^{-308} \sim 1.7×10^{308}$

2.3.3 字符变量

字符变量是用类型符 char 定义的变量。字符变量的定义形式如下：

```
char c1,c2;
c1='A';
c2='\n';
```

字符数据与整型数据可相互赋值，直接运算。既可以把字符变量按整型变量输出，也允许把整型变量按字符变量输出。

【案例2-2】 学生信息管理系统项目中的字符型变量。

【案例描述】
定义一个字符型变量，用于确认信息存储情况。

【代码编写】

```
#include<stdio.h>
void main()
{   char ch;
    printf("请确认(y/n):");
    scanf("%c",&ch);          /*输入确认的编号*/
}
```

【运行结果】

【案例分析】

代码中定义了字符变量 ch。用格式输出函数 printf( ) 输出提示信息，用格式输入函数 scanf( ) 接收字符型数据时，格式为%c，接收的字符存储在变量 ch 中。

想一想：

字符型数据和整型数据如何互用？

【参考代码】

```c
#include <stdio.h>
int main()
{
    char low,upp;                          /*定义字符变量 low 和 upp*/
    low='a';                               /*给变量 low 赋值'a'*/
    upp=low-32;                            /*low 的值减去 32 后赋给变量 upp*/
    printf("low=%c,upp=%c\n",low,upp);     /*以字符格式输出 low 和 upp*/
    printf("low=%d,upp=%d\n",low,upp);     /*以整数格式输出 low 和 upp*/
    return 0;                              /*函数返回值 0*/
}
```

【运行结果】

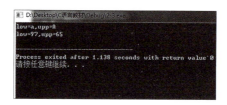

【案例分析】

代码中定义了 2 个字符变量 low 和 upp。给变量 low 赋值'a'，low 的值减去 32 后赋给变量 upp。用格式输出函数 printf( ) 输出字符型数据时，输出格式为%c，此时输出显示字符。采用格式%d 时，将输出字符对应的 ASCII 码的整型值。

2.4 数据类型转换：学生信息管理系统中数据类型转换

C 语言允许不同类型的数据混合运算，运算时可按照一定的自动规则或人为干预进行类型转换。数据类型的转换有两种方式：隐式类型转换和强制类型转换。

2.4.1 隐式类型转换

隐式类型转换由编译系统自动进行，不需要人为干预。如果赋值运算符两边的数据类型不相同，系统将自动进行类型转换，即把赋值运算符右边的类型换成左边的类型。

自动转换遵循 3 个基本规则：

（1）如果参与运算的变量类型不同，则先转换成同一类型，再进行运算。

（2）低级向高级转换。如果运算中有几种不同类型的操作数，则先统一转换为最高级的数据类型，再进行运算。例如：

```
int a;                  /*定义整型变量a*/
float b;                /*定义单精度型变量b*/
double c;               /*定义双精度型变量c*/
a=1;                    /*给变量a赋值*/
b=2.1;                  /*给变量b赋值*/
c=3.2;                  /*给变量c赋值*/
```

则计算 a+b+c 时，先将变量 a 和变量 b 都转成 double 型，再进行计算，所得结果为 double 型。

各种类型转换方向如图 2-3 所示。

图 2-3　隐式类型转换方向

> **提示：**
> float 型数据在运算时，系统一律先将其转换成双精度型再进行计算，以提高运算精度。因此，整型向浮点型转换时，不是转换为 float 型，而是直接转换为 double 型。

（3）赋值运算两边的数据类型不同时，赋值号右边量的类型将转换为左边量的类型。例如，上述 a+b+c 的计算结果为 double 型，再定义另一个整型变量 d，将计算结果赋给 d：

```
int d;                  /*定义整型变量d*/
d=a+b+c;                /*将上面计算的a+b+c的结果赋给d*/
```

则计算结果会再转换为整型赋给 d，d 得到的值仍为整型。由于右边量的数据类型高于左边，因此会丢失一部分数据（只保留整数部分）。

例如，不同数据类型间的自动转换。

```
#include <stdio.h>
int main()
{
    int a;              /*定义整型变量a*/
```

```
    float b;                    /*定义单精度型变量b*/
    double c,e;                 /*定义双精度型变量c和e*/
    int d;                      /*定义整型变量d*/
    a=1;                        /*给变量a赋值*/
    b=2.1;                      /*给变量b赋值*/
    c=3.2;                      /*给变量c赋值*/
    d=a+b+c;                    /*将a+b+c的结果赋给整型变量d*/
    e=a+b+c;                    /*将a+b+c的结果赋给双精度型变量e*/
    printf("d=%d,e=%f\n",d,e);  /*输出d和e的值*/
    return 0;                   /*函数返回值0*/
}
```

2.4.2 强制类型转换

强制类型转换即显式类型转换，作用是将表达式的结果强制转换成类型标识符所指定的数据类型。运算格式：

（类型标识符）（表达式）

其中，"（类型标识符）"是强制类型转换符，它的优先级比较高。

类型标识符和表达式都应用圆括号括起来，只有是单个操作数时，表达式的括号才可以省略。例如：

```
(double)x        /*将x转换成double型*/
(int)(a+b)       /*将a+b的值转换成整型*/
(int)a+b         /*先将a转换成整型,再与b相加*/
```

> **注意：**
> 强制类型转换只作用于表达式的结果，并不改变各个变量本身的数据类型。

例如，强制类型转换。

```
#include <stdio.h>
int main()
{
    int a=2;                         /*定义整型变量a,其初值为2*/
    float b=2.78,c=5.2456;           /*定义单精度型变量b=2.78,c=5.2456*/
    a=2+(int)c;                      /*计算a的值*/
    b=(int)(1.56+a);                 /*计算b的值*/
    printf("a=%d,b=%f,c=%f\n",a,b,c); /*输出a,b,c的值*/
    return 0;                        /*函数返回值0*/
}
```

【运行结果】

【案例分析】

在程序第6行中,将单精度型变量c强制转换为整型,即取5.2456的整数部分5,将加2后得到的值赋给变量a,所以a等于7,但c仍然为单精度型。在程序第7行中,1.56+a的结果为8.56,将其强制转换为整型,即结果为8,但b仍为浮点型,所以其值为8.000000(遵循了隐式类型转换原则)。

2.5 运算符和表达式:学生信息管理系统中涉及的运算符和表达式

运算符是一些特定的符号,用来对数据进行某些特定的操作;运算对象(操作数)是用来进行运算的数据,包括常量、变量等;表达式是用运算符将运算对象连接起来的式子。运算量和运算符组成表达式,而表达式是对数据进行操作和处理的基本单位。

2.5.1 算术运算符与算术表达式

C语言的算术运算符包括两大类:一类是基本的算术运算符,包括2个单目运算符和5个双目运算符;另一类是自增和自减这两个特殊的运算符。

1. 基本的算术运算符

基本算术运算符包括两个单目运算符(正和负),5个双目运算符(加、减、乘、除和模运算)。具体符号及其对应的功能举例如表2-5所示。

表2-5 基本的算术运算符

运算符	功能	举例	结果
+	正号运算(单目运算符)	+a	a的值
-	负号运算(单目运算符)	-a	a的相反数
+	加法运算	a+b	a和b的和
-	减法运算	a-b	a和b的差
*	乘法运算	a*b	a和b的积
/	除法运算	a/b	a除以b的商
%	模运算(求余运算)	a%b	a除以b的余数

提示：

（1）由于键盘中没有"×"号和"÷"号，其运算符用"*"和"/"代替。

（2）对于除法运算符"/"，如果是两个整数相除，则结果亦为整数，小数部分将被去掉。例如，7/2=3，而不是3.5。只有两数中有一个是浮点数，结果才为浮点数。

（3）模运算符"%"只适用于两个整数取余，其两个运算变量只能是整型或字符型（ASCII码），而不能是其他类型。其中，余数结果的符号由被除数决定，如8%（-3）=2，而（-8）%3=-2。

在表达式中使用算术运算符，则将表达式称为算术表达式。算术表达式的计算根据运算符的优先级从高到低依次执行。算术运算符的优先级和基本四则运算法则一致，即先乘除后加减，模运算符与乘除同级。

对于一个运算量两侧同优先级的运算符，按结合律方向进行。算术运算符的结合律皆为左结合性，即同优先级算术运算符按"自左向右"方向进行计算。例如，对于a+b-c，先计算a+b，再减c。

2. 自增自减运算符

自增运算符"++"及自减运算符"--"的作用是让变量的值加1或减1。但自增自减运算符都有前置与后置之分，前置后置决定了变量使用与计算（加1或减1）的顺序：

（1）自增运算符前置，如++i，是先将i的值加1，再使用加1后i的值。
（2）自增运算符后置，如i++，是先使用i当前的值，再将i的值加1。
（3）自减运算符前置，如--i，是先将i的值减1，再使用减1后i的值。
（4）自减运算符后置，如i--，是先使用i当前的值，再将i的值减1。

注意：

（1）自增自减运算符只能作用于变量，不能用于常量或表达式。例如，3++和（a+b）--都是不合法的。

（2）自增自减运算符常用于循环语句中，使循环变量自动加1；也可用于指针变量，使指针指向下一个地址。这些将在后面的章节中介绍。

（3）使用++和--运算符时，常常会出现一些人们想不到的副作用。例如，a+++b是理解为（a++）+b，还是a+（++b）呢？为避免二义性，可以加上括号，如（a++）+b。

【案例2-3】 学生信息管理系统项目中的自增自减运算。

【案例描述】
从键盘分别输入学生考试科目的成绩后实现记录条数增加。

【代码编写】

```
#include<stdio.h>
int main()
{
    int m=0;                    /*变量m表示记录的条数*/
    float chinese,math,english;
    printf("当前有%d 条记录\n",m);
    printf("语文成绩:");
```

```
        scanf("%f",&chinese);              /*输入语文课成绩*/
        printf("数学成绩:");
        scanf("%f",&math);                 /*输入数学课成绩*/
        printf("英语成绩:");
        scanf("%f",&english);              /*输入英语课成绩*/
        printf("已保存!\n");
        m++;
        printf("现在有%d条记录",m);
        return 0;                          /*函数返回值*/
}
```

【运行结果】

```
当前有0条记录
语文成绩:56
数学成绩:89
英语成绩:66
已保存!
现在有1条记录
--------------------------------
Process exited after 11.29 seconds with return value 0
请按任意键继续. . .
```

【案例分析】

本案例中定义了1个整型变量 m 用于存储记录条数和3个实型变量（chinese，math 和 english）用于存储学生语文成绩、数学成绩和英语成绩。在 main()主函数中通过3个输入提示和输入数据，将三科成绩进行输入后，利用自加 m++进行记录条数增加，m++可看作计算 m=m+1，所以一开始是0条记录，后来变为1条记录。

想一想：

自增、自减运算符前置与后置的不同。

【参考代码】

```
#include<stdio.h>
int main()
{
    int i=0,j;
    j=i++;
    printf("%d %d\n",i,j);
    i=0;
    j=++i;
    printf("%d %d\n",i,j);
    return 0;                          /*函数返回值*/
}
```

【运行结果】

【案例分析】

本实例的第一个 printf 前，程序中 j=i++ 可看作两步：先是计算 j=i，所以 j 等于 0；后计算 i=i+1，所以 i 等于 1。第一个 printf 后，程序中的 j=++i 亦可等价于先计算 i=i+1，后计算 j=i，所以 i 等于 1，j 也等于 1。

2.5.2 赋值运算符与赋值表达式

1. 简单赋值

赋值符号 "=" 就是赋值运算符，它的作用是将一个数据赋给一个变量。例如，"a=1" 就是将 1 的值赋给变量 a。由赋值运算符将一个变量和一个表达式连接起来的式子称为赋值表达式。它的一般形式如下：

变量=表达式

赋值表达式的作用是将一个表达式的值赋给一个变量，因此，赋值表达式具有计算和赋值两个功能。例如，"a=4+5" 是一个赋值表达式，其求解过程是先求赋值运算符右侧的表达式 "4+5" 的值（9），再将 9 赋给赋值表达式左侧的变量 a。

在赋值表达式后加上分号就构成了赋值语句。例如：

a=b=c=0;

这条语句是正确的，这是因为既然赋值是运算符，那么多个赋值就可以串联在一起。运算符 "=" 是右结合的，即 "自右向左" 进行运算，所以上述赋值表达式等价于：

a=(b=(c=0));

其作用是先把 0 赋给 c，再赋给 b，最后赋给 a。

注意：

在为变量赋初值时，如果要对几个变量赋予同一个初值，可以采用如下格式：

int a,b,c;
a=b=c=0;

也可以写成：

int a=0,b=0,c=0;

但不能写成：

```
int a=b=c=0;
```

下面我们列举一些赋值语句的例子以帮助我们理解：

```
a=2+(b=3);              /*表达式的值为5,a的值为5,b的值为3*/
a=(b=4)+(c=2);          /*表达式的值为6,a的值为6,b的值为4,c的值为2*/
a=(b=5)/(c=2);          /*表达式的值为2,a的值为2,b的值为5,c的值为2*/
a=(b=3-2);              /*先将3-2的值赋给b,然后把b的值赋给a,a和b的值都是1*/
```

> **注意：**
> 语句"(a=b)=3-2;"是错误的，因为"(a=b)"不是变量，而是表达式，赋值表达式中的左侧必须是变量。

2. 复合赋值

在 C 语言中，经常有利用变量的原有值计算出新值并重新赋值给这个变量的情况。例如，下面这条语句就是把变量 a 的值加上 1 后赋值给 a。

```
a=a+1;
```

C 语言的复合赋值运算符允许缩短这个语句以及类似的语句。使用"+="运算符，可以将上面的表达式简写如下：

```
a+=1;                   /*相当于 a=a+1;*/
```

复合算术赋值运算符包括+=、-=、*=、/=和%=五种。例如：

```
a+=b;                   /*相当于 a=a+b;*/
a-=b;                   /*相当于 a=a-b;*/
a*=b;                   /*相当于 a=a*b;*/
a/=b;                   /*相当于 a=a/b;*/
a%=b;                   /*相当于 a=a%b;*/
```

> **提示：**
> 如果 b 是包含若干项的表达式，则相当于它有括号。例如：

```
a*=b-3;                 /*相当于 a=a*(b-3);*/
```

赋值运算符都为同一优先级，遵循"右结合性"，其结合方向为"自右向左"。
例如，赋值运算的结合性。

```
#include <stdio.h>
int main()
{
    int a=1;            /*定义整型变量a,并将其赋值为1*/
```

```
        a*=a-=5;              /*用复合赋值运算计算a的值*/
        printf("a=%d\n",a);   /*输出a的值*/
        return 0;             /*函数返回值0*/
    }
```

【运行结果】

```
a=16
Press any key to continue_
```

【案例分析】

因为赋值运算符为右结合性，故在表达式"a*=a-=5"中先计算"a-=5"，这等价于"a=a-5"，则a变为-4；再计算"a*=a"，等价于"a=(-4)*(-4)"，所以最后结果为"a=16"。

2.5.3 位运算符

位运算是C语言中比较有特色的功能。所谓位运算，是指进行二进制位的运算。例如，将一个存储单元中的各二进制位左移（或右移）一位。位运算符包括按位与、按位或、按位异或、取反、左移和右移6种，其中只有取反运算是单目运算，其余都是双目运算，且参与位运算的运算量只能是整型或字符型的数据，不能是实型数据。

1. "按位与"运算符（&）

参与运算的两个数据，按二进制位进行"与"运算。如果两个相应的二进制位都为1，则该位的结果值为1；否则为0。即 0&0=0，0&1=0，1&0=0，1&1=1。

例如，2&3的结果并不等于5，应该按位与，计算结果应为2。计算过程如下：

```
      00000010    (2)
   &  00000011    (3)
      ────────
      00000010    (2)
```

2. "按位或"运算符（|）

两个相应的二进制位中只要有一个为1，该位的结果值就为1，即 0|0=0，0|1=1，1|0=1，1|1=1。例如，2|3的结果为3。计算过程如下：

```
      00000010    (2)
   |  00000011    (3)
      ────────
      00000011    (3)
```

3. "异或"运算符（^）

异或运算的规则：如果参与运算的两个二进制位相同，则结果为0，不同则为1，即 0^0=0，0^1=1，1^0=1，1^1=0。例如，2^3的值为1。计算过程如下：

```
      00000010    (2)
   ^  00000011    (3)
      ────────
      00000001    (1)
```

4. "取反"运算符（~）

取反运算是一个单目运算符，用来对一个二进制数按位取反，即将 0 变为 1，将 1 变为 0。例如，~3（即二进制数为 00000011）按位取反后为 252（即二进制数为 11111100）。

5. 左移运算符（<<）

左移运算用来将一个数的各二进制位全部左移若干位，高位左移溢出后舍弃。例如，a=a<<2，表示将 a 的二进制数左移 2 位，右补 0。若 a=3（即二进制数 00000011），左移 2 位得 00001100，结果为十进制数 12。

6. 右移运算符（>>）

右移运算用来将一个数的二进制位全部右移若干位，移到右端的低位被舍弃，对无符号数，高位补 0。例如，a=a>>1，表示将 a 的二进制数右移 1 位，左补 0。若 a=3（即二进制数 00000011），右移 1 位得 00000001，即最低位的 1 被舍弃，得十进制数 1。

对于有符号数，在右移时，符号位将一同移动。当为正数时，最高位补 0；而为负数时，符号位为 1。最高位是补 0 还是补 1，取决于编译系统的规定。Visual C++ 6.0 和其他一些 C 编译规定为补 1。

7. 位运算赋值运算符

位运算与赋值运算符可以组成复合赋值运算符，包括 &=，|=，>>=，<<=，^=。例如，a&=b 相当于 a=a&b，a<<=4 相当于 a=a<<4。

2.5.4 逗号运算符与逗号表达式

在 C 语言中，逗号可作间隔符，例如，定义变量时用的逗号"int a,b,c;"；逗号亦可作为运算符，用于连接多个表达式，其一般形式如下：

> 表达式 1,表达式 2,…,表达式 n

逗号表达式在运算时，将从左至右依次求取各个表达式的值（先求表达式 1，再求表达式 2，……，直至求解完表达式 n），而整个逗号表达式的值为最后一个表达式的值。例如：

```
a=3,b=2;           /*给变量 a 和 b 进行赋值*/
c=(a+b,a-b);       /*依次计算表达式 a+b 和 a-b 的值,将 a-b 的值赋给变量 c,所以 c 的值为 1*/
```

逗号运算符在全部运算符里优先级最低，因此最好将整个逗号表达式用圆括号括起来（注意圆括号的位置在等号后），否则意义可能会不同。例如：

```
a=3,b=2;           /*给变量 a 和 b 进行赋值*/
c=a+b,a-b;         /*c 的值为 5*/
(c=a+b,a-b);       /*c 的值为 5*/
```

这里是将 c=a+b 作为表达式 1，将 a-b 作为表达式 2（没有用圆括号括起来或整个括起来、不是在等号后），构成的逗号表达式，因此表达式 1（即 c=a+b）执行后，c 等于 5。

逗号运算符结合律为自左向右。因此如果前后表达式用到相同的变量，则前面表达式中的变量值如果发生了变化，将影响后面的表达式。例如：

```
a=2;
x=(a*=3,a+12);        /* x 的值为 18,先计算 a=a*3 等于 6,再计算 a+12 等于 18 */
```

2.5.5 关系运算符与关系表达式

在程序中经常需要比较两个量的大小关系，从而决定程序下一步的工作。在 C 语言中，比较两个量的运算符称为关系运算符，用关系运算符将两个数值或数值表达式连接起来的式子称为关系表达式。所谓"关系运算"实际上是"比较运算"。将两个值进行比较，判断其比较的结果是否符合给定的条件。

例如，a>3 是一个关系表达式，大于号（>）是一个关系运算符。

如果 a 的值为 5，则满足给定的"a>3"条件，因此关系表达式的值为逻辑值"真"（即"条件满足"），用整数"1"来表示。

如果 a 的值为 2，即不满足"a>3"的条件，则称关系表达式的值为逻辑值"假"，用整数"0"来表示。

注意：

（1）C 语言用 0 表示假，用非 0 表示真。

（2）关系表达式的值不是 0 就是 1，0 表示假，1 表示真。

1. 关系运算符

C 语言提供下面 6 种关系运算符，如表 2-6 所示。

表 2-6　关系运算符

序号	符号	功能	优先级
1	>	大于	优先级相同（高）
2	>=	大于等于	
3	<	小于	
4	<=	小于等于	
5	==	等于	优先级相同（低）
6	!=	不等于	

2. 关系运算符的优先级

关系运算符的优先级如图 2-4 所示。

图 2-4 关系运算符的优先级

> **注意：**
>
> 关系运算符的结合性为从左到右。

例如：

```
c > a+b              //等效于 c > (a+b)
a>b==c               //等效于(a>b)==c
a == b<c             //等效于 a==(b<c)
a = b>c              //等效于 a = (b>c)
```

3. 关系表达式

关系表达式的值是一个逻辑值，即"真"或"假"。若关系满足，则结果为真；若关系不满足，则结果为假。在 C 语言的逻辑运算中，以"1"代表"真"，以"0"代表"假"。

例如：

```
int a = 3, b = 2, c = 1, d, f;
a > b                //表达式值1
(a > b) == c         //表达式值1
b + c < a            //表达式值1
d = a > b            //d = 1
f = a > b > c        //f = 0
```

2.5.6 逻辑运算符与逻辑表达式

有时我们要求判断的条件是由几个简单条件组合而成的复合条件。例如，前面提到过的"判断 a 的值是否在 c 和 b 之间"，这就需要检查两个条件：一个是 a>c，另一个是 a<b。这就需要用逻辑运算符"与"将两个关系表达式连接起来，组成一个复合条件，如 a>c&&a<b。

1. 逻辑运算符

C 语言提供的逻辑运算符有三种——&&（逻辑与）、||（逻辑或）、!（逻辑非），如表 2-7 所示。

表 2-7 逻辑运算符

运算符	含义	举例	说明	结合性	优先级关系
!	逻辑非	!a	单目运算。如果 a 为假，则结果为真；如果 a 为真，则结果为假	右结合性	高 ↑ 低
&&	逻辑与	a&&b	双目运算。如果 a 和 b 都为真，则结果为真；否则为假	左结合性	
‖	逻辑或	a‖b	双目运算。如果 a 和 b 都为假，则结果为假；否则为真		

> **注意：**

（1）逻辑运算符中的"&&"和"‖"的优先级低于关系运算符，"!"的优先级高于算术运算符，而关系运算符的优先级低于算术运算符，如下所示：

！（非）——→ 算术运算符 ——→ 关系运算符 ——→ &&和‖ ——→ 赋值运算符
（高）   （低）

（2）逻辑运算符中的"&&"和"‖"的结合性为从左到右，"!"的结合性为从右到左。例如：

```
a>c&&a<b              //等效于(a>c)&&(a<b)
a==b‖x>y              //等效于(a==b)‖(x>y)
a<b‖!a                //等效于(a<b)‖(!a)
a>c&&a<b+c            //等效于(a>c)&&(a<(b+c))
2<3&&6>3-!0           //等效于(2<3)&&(6>(3-!0))
```

2. 逻辑表达式

用逻辑运算符连接起来的式子称为逻辑表达式。
逻辑表达式的一般形式如下：

表达式　逻辑运算符　表达式

例如：

```
a < b && b < c
x > 10 ‖ x < -10
!x && !y
```

C 语言中，对参与逻辑运算的所有数值，都会在转换为逻辑"真"或逻辑"假"后才参与逻辑运算。如果参与逻辑运算的数值为 0，则把它作为逻辑"假"处理，而将所有非 0 的数值都作为逻辑"真"处理。逻辑运算真值表如表 2-8 所示。

表 2-8　逻辑运算真值表

A	B	!A	!B	A&&B	A‖B
真	真	假	假	真	真
真	假	假	真	假	真
假	真	真	假	假	真
假	假	真	真	假	假

　　逻辑运算符两侧的运算对象可以是任何类型的数据，但运算结果一定是整型，并且只有两个值——1 和 0，分别表示"真"和"假"。例如：

（1）若 a=0，则逻辑表达式!a 的值为 1。因为 a 的值为 0，逻辑值为"假"，对它进行"非"运算，得"真"，"真"以 1 代表。相反，若 a 等于任何一个非 0 的数（所有非 0 被作为"真"），那么!a 的值为 0。

（2）若 a=2，b=4，则逻辑表达式 a&&b 的值为 1。因为 a 和 b 均非 0，逻辑值为"真"，所以进行"逻辑与"运算的值也为"真"，"真"以 1 代表。

（3）若 a=2，b=4，则逻辑表达式 a‖b 的值为 1。

（4）若 a=2，b=4，则逻辑表达式!a‖b 的值为 1。先计算!a 的值为 0，再计算 0‖b 的值为 1。

（5）逻辑表达式 4&&0‖3.6 的值为 1。

（6）逻辑表达式 ' A' &&' B' 的值为 1。

> **注意：**

　　逻辑表达式求解时，并非所有的逻辑运算符都被执行，只是在必须执行下一个逻辑运算符才能求出表达式的解时，才执行该运算符。例如：

（1）a&&b，只有 a 为真（非 0）时，才需要判断 b 的值，如果 a 为假，就不必判断 b 的值。即：&& 运算符，只有 a≠0，才继续进行其右的运算。

（2）a‖b，只要 a 为真（非 0），就不必判断 b 的值，只有 a 为假时，才判断 b 的值。即：‖运算符，只有 a=0，才继续进行其右的运算。

2.5.7　条件运算符与条件表达式

　　条件运算符是 C 语言中唯一的三目运算符，它要求有 3 个运算对象。条件表达式的一般形式：

```
表达式1? 表达式2:表达式3
```

条件表达式流程如图 2-5 所示。

　　条件表达式的执行过程：若表达式 1 为真，则条件表达式的值等于表达式 2 的值；否则，等于表达式 3 的值。例如：

```
c=a>b? a:b
```

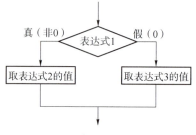

图 2-5　条件表达式流程

若 a 大于 b，则条件表达式的值为 a，赋值给 c；否则，条件表达式的值为 b，赋值给 c。即求 a 和 b 两个数中较大的数，并赋值给 c。

2.6　小结

本章首先介绍了 C 语言中标识符的命名规则，其次重点介绍了数据类型、常量和变量，最后介绍了各种常用的运算符和表达式以及数据类型转换。通过对本章的学习，应重点掌握以下知识：

- 掌握标识符的命名规则。
- 掌握常量与变量的区别。
- 熟练使用常用的运算符和表达式，以及不同数据类型相互之间的运算。
- 优先级的记忆规则：

（1）总体上，单目运算符都是同等优先级的，具有右结合性，并且优先级比双目运算符和三目运算符都高。

（2）三目运算符的优先级比双目运算符要低，但高于赋值运算符和逗号运算符。

（3）逗号运算符的优先级最低，其次是赋值运算符。

（4）只有单目运算符、赋值运算符和条件运算符具有右结合性，其他运算符都具有左结合性。

（5）双目运算符中，算术运算符的优先级最高，逻辑运算符的优先级最低。

- 熟悉各数据类型的取值范围和各自的特点。

数据类型取值范围和特点总结如表 2-9 所示。

表 2-9 数据类型取值范围和特点总结

类型	符号	关键字		占字节数	数的表示范围
整型	有	(signed) int	在 16 位操作系统下	2	-32768~32767
			在 32 位操作系统下	4	-2147483648~2147483647
		(signed) short		2	-32768~32767
		(signed) long		4	-2147483648~2147483647
	无	unsigned int	在 16 位操作系统下	2	0~65535
			在 32 位操作系统下	4	0~4294967295
		unsigned short		2	0~65535
		unsigned long		4	0~4294967295
实型	有	float		4	0 以及 $1.2×10^{-38}$~$3.4×10^{38}$
	有	double		8	0 以及 $2.3×10^{-308}$~$1.7×10^{308}$
	有	long double		8	0 以及 $2.3×10^{-308}$~$1.7×10^{308}$
				12	0 以及 $3.4×10^{-4932}$~$1.2×10^{4932}$
字符型	有	char		1	-128~127
	无	unsigned char		1	0~255

2.7 习题

1. 填空题。

(1) 已知"int m=5,y=2;",则表达式"y+=y-=m*=y"计算后的 y 值是_____。

(2) 若 a 为整型变量,则表达式"(a=4*5,a*2),a+6"的值为_____。

(3) 假设 m 是一个三位数,从左到右用 a、b、c 表示各位的数字,则从左到右各个数字是 bac 的三位数的表达式是_____。

(4) 求解赋值表达式"a=(b=10)%(c=6)",a、b、c 的值依次为_____。

(5) C 语言用_____表示假,用_____表示真。

(6) C 语言提供的 3 种逻辑运算符是_____、_____和_____。

(7) 关系运算符具有_____结合性,相同优先级的关系运算符连用时,按照_____的顺序计算表达式的值。

(8) 在 C 语言运算符中,_____运算符的优先级最高,_____运算符的优先级最低。

(9) 当 a=3,b=2,c=1 时,表达式"f=a>b>c"的值是_____。

(10) 当 m=2,n=1,a=1,b=2,c=3 时,执行"d=(m=a!=b)&&(n=b>c)"后,n 的值为_____,m 的值为_____。

（11）条件"2<x<3 或 x<-10"的 C 语言表达式是_____。
（12）若 a=6，b=4，c=2，则表达式"!(a-b)+c-1&&b+c/2"的值是_____。
（13）设 x，y，z 均为 int 型变量，则描述"x，y 和 z 中有两个为负数"的表达式可写为_____。
（14）设有变量定义"a=5,c=4;"，则"(--a==++c)?-a:c++"的值是_____，此时 c 的存储单元的值为_____。
（15）已知 A=7.5，B=2，C=3.6，表达式"A>B&&C>A∥A<B&&!C>B"的值是_____。
（16）若 a=1，b=4，c=3，则表达式"!(a<b)∥!C&&1"的值是_____。
（17）设"float x=2.5,y=4.7; int a=7;"，则表达式"x+a%3*(int)(x+y)%2/4"的值是_____。
（18）若有定义"int a=2,b=3; float x=3.5,y=2.5;"，则表达式"(float)(a+b)/2+(int)x%(int)y"的值为_____。
（19）表达式"8/4*(int)2.5/(int)(1.25*(3.7+2.3))"值的数据类型为_____。
（20）已知"int a=5;"，则执行语句"a+=a-=a*a;"后，a 的值为_____。
（21）设有"int a,b; a=100; b=20; a+=200; b*=a-100;"，则 a=_____，b=_____。
（22）在 C 语言源程序中，一个变量代表_____。
（23）若 t 为 double 型变量，表达式"t=1,t+5,t++"的值是_____。

2. 选择题。

（1）在 C 语言系统中，double、long、int、char 类型数据所占字节数分别为（ ）。
A. 8，2，4，1　　B. 2，8，4，1　　C. 4，2，8，1　　D. 8，4，4，1

（2）下列选项中，均是不合法的用户标识符的选项是（ ）。
A. AP_0　　do
B. float　　la0　　A
C. b-a　　sizeof　　int
D. _123　　temp　　int

（3）下列选项中，均是合法整型常量的选项是（ ）。
A. 160　　-0xffff　　011
B. -0xedf　　0la　　0xe
C. -01　　986,012　　0668
D. -0x48a　　2e5　　0x

（4）下列选项中，均是不合法的浮点数的选项是（ ）。
A. 160.　　0.12　　e3
B. 123　　2e4.2　　.e5
C. -.18　　123e4　　0.0
D. -e3　　.23　　1e3

（5）下列选项中，正确的字符常量是（ ）。
A. " c"　　B. '\ '　　C. W　　D. ' '

（6）在 C 语言中，5 种基本数据类型的存储空间长度的排列顺序为（ ）。
A. char<int≤long int≤float<double
B. char=int≤long int≤float<double
C. char<int≤long int=float=double
D. char=int=long int≤float<double

（7）假设所有变量均为整型，则表达式"a=2,b=5,b++,a+b"的值（ ）。
A. 7　　B. 8　　C. 6　　D. 2

（8）以下叙述正确的是（ ）。

A. 在 C 程序中,每行只能写一条语句
B. 设 a 是实型变量,C 程序中允许赋值 a=10,因此实型变量中允许存放整型数
C. 在 C 程序中,无论是整数还是实数,都能被准确无误地表示
D. 在 C 程序中,%是只能用于整数运算的运算符

(9)假定 x 和 y 为 double 型,则表达式 "x=2,y=x+3/2" 的值是(   )。

A. 3.500000　　　　B. 3　　　　　　C. 2.000000　　　　D. 3.000000

(10)下面程序的输出结果是(   )。

```
int main()
{
    int a=3;
    printf("%d\n",(a+=a-=a*a));
    return 0;
}
```

A. -6　　　　　　　B. 12　　　　　　C. 0　　　　　　　D. -12

(11)若变量 a 是 int 型,并执行了语句 "a='A'+1.6;",则正确的叙述是(   )。

A. a 的值是字符 C
B. a 的值是浮点型
C. 不允许字符型和浮点型相加
D. a 的值是字符'A'的 ASCII 值加上 1

(12)下面程序的输出结果是(   )。

```
int main()
{
    int x='f';
    printf("%c\n",'A'+(x-'a'+1));
    return 0;
}
```

A. G　　　　　　　B. H　　　　　　　C. I　　　　　　　D. J

3. 阅读题。

(1)下面程序的输出结果是_____。

```
int main()
{
    int x=5, y;
    y=++x * ++x;
    printf("y=%d\n",y);
    return 0;
}
```

(2)下面程序的输出结果是_____。

```
int main()
{
    float a=1, b;
    b=++a * ++a;
```

       printf("% f\n",b);
       return 0;
}

（3）下面程序的输出结果是_____。

int main()
{
    short int x=-32769;
    printf("% d\n",x);
    return 0;
}

4. 程序填空题。

执行下面程序时输出为1，请填空。

int main()
{
    int main()
    int a=4,b=3,c=2,d=1;
    printf("% d\n",(a<b? a:d<c? _____:b));
    return 0;
}

第3章 顺序结构程序设计：学生信息管理系统的顺序结构应用

【学习目标】

- 了解算法的概念
- 熟悉算法的特点
- 了解使用自然语言描述算法的方法
- 了解3种基本结构流程图
- 掌握格式输入输出函数的使用方法
- 掌握字符输入输出函数的使用方法
- 掌握编写简单顺序结构程序的方法

在运用C语言对学生信息管理系统项目进行设计时，不仅要熟练掌握其语言本身的特点、语法规则等，还要掌握分析问题、解决问题的方法，也就是锻炼分析、分解，最终归纳整理出算法的能力。无论多么复杂的程序，都可分解为顺序、选择、循环这三种基本结构。顺序结构是这三种结构中最基本、最简单的结构，它按照语句的先后顺序依次执行。此外，很多程序运行时都需要输入数据和输出数据，此时就要用到C语言提供的输入语句和输出语句了。

本章首先通过举例，介绍C语言中的算法，并由此引入算法的描述方法；其次，介绍了C语言中4种常用的输入输出函数；最后，给出了一些例子，便于读者学会用简单的C语句进行顺序结构程序设计。

3.1 算法：学生信息管理系统中的应用

3.1.1 算法的定义及特点

简而言之，算法就是解决问题的方法与步骤，而程序就是算法的具体实现。广义地说，算法是为解决一个问题而提出的准确而完整的方案，是一系列解决问题的方法和步骤。

一般来讲，一个有效的算法应该具有以下5个特点：

1）有穷性

一个算法必须在执行有限个操作步骤后终止，且每一步都可在有限的时间内完成，不能无限地执行下去。例如，对等差数列的求和，我们必须设一个整数的上限（如100），也就是加到那个数为止。如果没有这个上限，就会一直累加而没办法停止。

2）确定性

算法中每一步操作的含义都必须是明确的，不能出现任何二义性，即必须为要执行的每一步操作作严格而清楚的规定。例如，让大家做一个动作——举起手摸自己的耳朵，大家会发现不同的人完成的动作各不相同，有的人用左手摸左耳朵，有的人用右手摸右耳朵，还有人用双手摸耳朵，甚至有的人愣在那里没有做动作……这是因为这个操作是不明确的。

3）有效性

有效性也称可行性，即算法中的每一步操作都应该能有效执行，一个不可执行的操作是无效的。例如，将一个数被0除，这个操作就是无效的，应当避免这种操作。

4）有零个或多个输入

这里的输入是指在算法开始之前所需的初始数据。这些输入的多少取决于特定的问题。例如，求 $1+2+3+\cdots+n$ 时，我们需要输入 n 的值；再如，案例1-1中只输出一句话，没有输入。

5）有一个或多个输出

所谓输出，是指算法最终所求的结果。编写程序的目的就是要得到一个结果，如果程序运行完没有任何结果输出，那编写程序也就没有意义了。因此，在一个完整的算法中至少会有一个输出。

算法的输出不一定就是计算机的打印输出或屏幕输出，一个算法得到的结果就是算法的输出。

3.1.2 算法的表示

对于一个问题的求解步骤，需要一种表达方式，即算法的表示，也称算法的描述。表示一个算法，可以用不同的方法，常用的方法有自然语言和流程图等。

1. 自然语言表示程序

例如，根据正方形的边长 a，计算正方形的周长 L 和面积 S。

（1）输入正方形的边长 a 的值。

（2）利用公式 $L=4\times a$ 计算出周长。

（3）利用公式 $S=a\times a$ 计算出面积。

（4）输出周长 L 和面积 S 的值。

2. 流程图表示程序

流程图是用图框表示各种类型的操作，用箭头表示这些算法操作的执行顺序和方向，用图形表示算法,直观形象,易于理解,如图 3-1 所示。

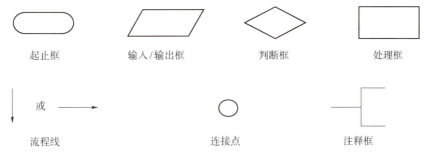

图 3-1 流程图符号

起止框用来标识算法的开始和结束;输入/输出框用来标识算法中数据的输入和输出;判断框的作用是对一个给定的条件进行判断,根据条件是否成立来决定如何执行后续操作;处理框用来标识算法中的具体处理步骤;流程线的作用是指出算法的执行流程;连接点是将画在不同地方的流程线连接起来;注释框不是流程图的必要部分,不反映流程和操作,只是为了对流程图中某些框的操作作必要的补充说明,以帮助读者更好地理解。

算法有 3 种基本结构——顺序结构、选择结构、循环结构,如图 3-2 所示。

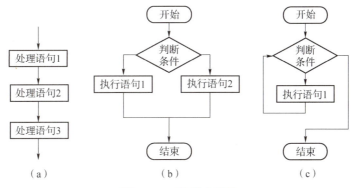

图 3-2 三种基本结构
(a)顺序结构;(b)选择结构;(c)循环结构

1)顺序结构

顺序结构是简单的线性结构,在顺序结构程序中,各操作是按照它们出现的先后顺序执行的。如图 3-2(a)所示,在执行完处理语句 1 框中指定的操作后,执行处理语句 2 框中指定的操作,接着执行处理语句 3 框中指定的操作。

例如,根据正方形的边长 a,计算正方形的周长 L 和面积 S,流程如图 3-3 所示。

2)选择结构

选择结构也称分支结构,如图 3-2(b)所示。在选择结构中必须包含一个判断框,根据判断条件 P 是否

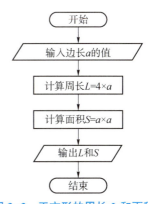

图 3-3 正方形的周长 L 和面积 S

成立而选择执行语句 1 框或执行语句 2 框。判断条件如 x>y、x>0 等。执行语句 1 框、执行语句 2 框中可以有一个是空的，表示不执行任何操作，如图 3-4 所示。例如，输入任意两个数 x 和 y 的值，求这两个数中较大的值 max，流程如图 3-5 所示。

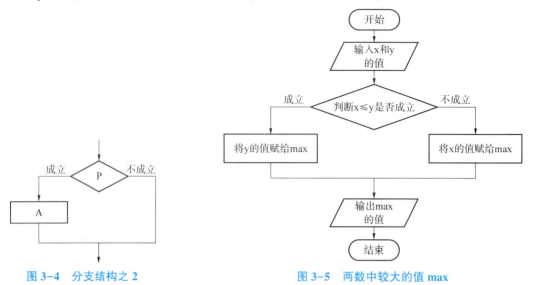

图 3-4　分支结构之 2　　　　　　图 3-5　两数中较大的值 max

3）循环结构

循环结构又称重复结构，即反复执行某一部分的操作，直到条件不成立时终止循环，如图 3-2（c）所示。按照判定条件出现的位置不同，可将循环结构分为当型循环结构和直到型循环结构。

当型循环结构如图 3-6 所示，先判断循环条件 P 是否成立，如果成立就执行 A 框中指定的操作，执行完 A 框操作后再判断循环条件 P 是否成立，如果成立，接着执行 A 框。如此反复，直到循环条件 P 不成立为止，结束循环。

直到型循环结构如图 3-7 所示，先执行 A 框中指定的操作，然后判断循环条件 P 是否成立，如果成立再执行 A 框，然后判断循环条件 P 是否成立，如果成立，接着执行 A 框。如此反复，直到循环条件 P 不成立为止，结束循环。

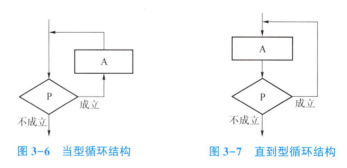

图 3-6　当型循环结构　　　　图 3-7　直到型循环结构

3.2 格式输入/输出函数：学生信息管理系统中的应用

C 语言没有提供输入输出语句，输入和输出操作由 C 函数库中的函数来实现。在使用系统库函数时，要使用预编译命令"#include"将有关的"头文件"包含进来。本节将介绍最常用的标准输入输出函数——格式输入输出函数，这些函数包含在"stdio.h"文件中，因此应在程序开头添加预编译命令"#include<stdio.h>"或"#include"stdio.h""。

3.2.1 格式输出函数 printf( )

printf( )函数（格式输出函数）的作用是将指定的数据按指定的格式输出到显示器，其一般格式如下：

printf("格式控制",输出项列表);

例如：

printf("a=%d,b=%f",a,b);

括号内包括两部分内容：
(1)"格式控制"是用双撇号括起来的一个字符串，称为转换控制字符串。它包括两方面信息：
① 格式声明。格式声明由"%"和格式字符组成，如%d、%f 等。它的作用是以指定的格式输出数据。
② 普通字符。普通字符即需要原样输出的字符，例如，示例 printf( )函数双撇号内的"a=""b="及中间的逗号都是普通字符，会原样输出到屏幕上。
(2)"输出项列表"是程序需要输出的一些数据，可以是常量、变量或表达式。输出项列表中给出了各个输出项，要求格式声明和各输出项在数量和类型上应该一一对应。例如，在示例的 printf( )函数中，第一个"%d"与变量 a 对应，第二个"%c"与变量 b 对应，第三个"%d"与表达式"a+b"对应。
下面，重点介绍格式声明这部分内容。格式声明一般形式：

%[标志][0][输出最小宽度][.精度][长度]格式字符

其中，方括号中的项为可选项。也可以用如下格式：

%[±][0][m][.n][l 或 h]格式字符

各项的意义如下：

（1）标志字符为"-"或"+"，指定输出数据的对齐方式：指定"+"时，输出数据右对齐；指定"-"时，输出数据左对齐；若不指定标志，则缺省为"+"，默认右对齐。

（2）用十进制整数 m 表示输出的最少位数。若实际位数多于定义的宽度，则按实际位数输出；若实际位数少于定义的宽度，则补空格或 0（如在 m 前有数字 0，则补 0）。

（3）精度格式符以"."开头，后跟十进制整数 n。意义是：如果输出的是数字，则表示小数的位数；如果输出的是字符，则表示输出字符的个数；若实际位数大于所定义的精度数，则截去超过的部分。

（4）长度格式符有 h 和 l 两种，h 表示按短整型输出，l 表示按长整型输出。

（5）格式字符用来表示输出数据的类型，各种格式字符及其功能如表 3-1 所示。

表 3-1　格式字符及功能

格式字符	功能说明	代码示范	输出内容
d	以十进制形式输出带符号整数（若为正数，则不输出符号）	int a=567; printf("%d",a);	567
o	以八进制形式输出无符号整数（不输出前缀 0）	int a=65; printf("%o",a);	101
x，X	以十六进制形式输出无符号整数（不输出前缀 0x）。x 表示以小写字母输出十六进制数的 a~f，X 表示以大写字母输出十六进制数的 A~F	int a=255; printf("%x",a);	ff
u	以十进制形式输出无符号整数	int a=567; printf("%u",a);	567
f	以小数形式输出单、双精度实数，隐含输出 6 位小数	float a=567.789; printf("%f",a);	567.789000
e，E	以指数形式输出单、双精度实数。用 e 时，指数以"e"表示，如 2.3e+003；用 E 时，指数以"E"表示，如 2.3E+003	float a=567.789; printf("%e",a);	5.677890e+02
g，G	以%f 或%e 中较短的输出宽度输出单、双精度实数，不输出无意义的 0。用 G 时，若以指数形式输出，则指数用大写表示	float a=567.789; printf("%g",a);	567.789
c	输出单个字符	char a=65; printf("%c",a);	A
s	输出字符串	printf("%s","ABC");	ABC

例如，在 printf( ) 函数中使用附加符号。代码如下：

```
#include <stdio.h>
int main()
{
    int a=15;                          /*定义整型变量 a 并赋值*/
    double b=12345678.1234567;         /*定义双精度型变量 b 并赋值*/
    printf("a=%5d,a=%-5d,a=%05d\n",a,a,a);  /*使用 m 控制输出位数,用- 控制左对齐,空位补 0*/
```

```
        printf("b=%f,b=%lf,b=%8.3f\n",b,b,b);   /*输出 b,用 m.n 控制输出的长度和小数点位数*/
        printf("%15s\n","I love C");             /*使用 m 控制输出字符串长度*/
        printf("%-15.5s\n","I love C");          /*使用-m.n 进行左对齐、限制字符串长度和字符位数*/
        return 0;                                /*函数返回值 0*/
    }
```

3.2.2 格式输入函数 scanf( )

格式输入函数 scanf( )的作用是将数据按规定的格式从键盘上读入指定变量中,其一般格式:

scanf("格式控制",输入项地址列表);

例如:

scanf("a=%d,b=%f",&a,&b);

括号内包括两部分内容:

(1)"格式控制"与 printf( )函数的"格式控制"类似,也包含两部分内容:格式声明与普通字符。格式声明用于规定输入的格式(如%d、%f 等),如输入数据的类型、长度等;普通字符是需按原样输入的字符,如示例中的"a=""b="及中间的逗号。

(2)输入项地址列表由需要输入变量的地址组成。变量的地址需用取地址运算符"&"得到。多个输入项之间用逗号隔开,同样要求格式声明和各输入项在数量和类型上一一对应。

scanf( )函数中的格式声明与 printf( )函数中的格式声明类似,以"%"开始,以一个格式字符结束,中间可以插入附加的符号。其形式如下:

%[m][l 或 h]格式字符

其中,方括号中的项为可选项,可以没有,但格式字符不能缺少。

scanf( )函数中常用格式字符的用法和 printf( )函数中的用法类似。l 表示输入长整型或双精度型数据,h 表示输入短整型数据。例如,%ld、%lo、%lx 表示输入数据为长整型(十进制、八进制、十六进制);%lf、%le 表示输入数据为双精度型(小数形式、指数形式);%hd、%ho、%hx 表示输入数据为短整型。m 表示十进制整数,用于指定输入数据的宽度(即数字个数)。例如:

scanf("%4d",&a);

如果输入:

123456↙

则只读入4位给变量a，即a为1234，后面的5、6被舍弃。若输入数据小于4位，则不影响。

对指定了宽度的格式输入，数据之间可以无分隔符，将根据各自宽度来读入。例如：

scanf("%3d%3d",&a,&b);

如果输入：

123456↙

则a等于123，b等于456。

对于浮点型数据，数据宽度为数据的整体宽度，包括小数点在内，即数据宽度m=整数位数+1（小数点）+小数位数。格式输入函数只能指定数据整体宽度，无法指定小数位数，这是与格式输出函数printf( )不同。例如：

scanf("%3f%3f",&a,&b);

如果输入：

1.23.4↙

则a等于1.200000，b等于3.400000。

如果输入：

1234.5↙

则a等于123.000000，b等于4.500000。

如果输入：

1.234.5↙

则a等于1.200000，b等于34.000000。

利用scanf( )函数从键盘读入数据时，需注意：

（1）多个数据间可用空格键、回车键或【Tab】键进行分隔，最后以回车键结束输入。例如：

scanf("%d%d",&a,&b);

如果要令a为12，b为34，则正确的输入方式为

12 34↙

或

12↙
34↙

又或

```
12<TAB>
34↙
```

以上三种方式皆可。

对于整型、浮点型变量来说,数据之间必须用分隔符分开,否则可能存在分辨错误。例如,如果上面的输入为

```
1234↙
```

由于此时未加分隔符,则 a 将读入 1234,b 没有输入,出现错误。

一般来讲,由于每个字符型变量对应一个字符,不存在二义性,因此字符的输入除非格式符中有空格或者其他分隔符,否则不可以用分隔符。例如:

```
scanf("%c%c",&a,&b);
```

可输入:

```
AB↙
```

如果输入如下(A 和 B 之间有空格):

```
A B↙
```

则相当于 a 读入了字符"A",而 b 读入了"空格",意义就完全不一样了。

如果在两个格式符中加入空格,即改为如下:

```
scanf("%c %c",&a,&b);
```

则应输入如下(A 和 B 之间有空格):

```
A B↙
```

(2)输入数据个数与顺序要与 scanf( ) 函数规定的一致。

(3)如果"格式控制"中有普通字符,就必须按原样输入,否则可能发生严重错误。例如:

```
scanf("a=%d,b=%f",&a,&b);
```

如果要令 a 为 3,b 为 4,则必须完整输入如下:

```
a=3,b=4↙
```

其中的"a=""b="及逗号都必须原样输入,否则会出错。

如果有如下 scanf( ) 函数:

```
scanf("a=%f  b=%f  c=%f",&a,&b,&c);
```

由于在两个%f间有两个空格,因此在输入时,两个数据间必须有两个或更多空格符号。例如:

```
a=1  b=2  c=3↙
```

【案例3-1】 学生信息管理系统项目中的格式输入/输出函数。

【案例描述】

学生信息管理系统项目中,展示菜单,输入菜单选择功能的编号,并确认,同时收集确认信息。

【代码编写】

```
#include<stdio.h>
void main()
{   int n;
    char ch;
    printf("\t\t|------------- 学生信息管理系统---------- |\n");
    printf("\t\t|\t 0. 退出系统\t\t| \n");
    printf("\t\t|\t 1. 输入记录\t\t| \n");
    printf("\t\t|\t 2. 查找记录\t\t| \n");
    printf("\t\t|\t 3. 删除记录\t\t| \n");
    printf("\t\t|\t 4. 修改记录\t\t| \n");
    printf("\t\t|\t 5. 插入记录\t\t| \n");
    printf("\t\t|\t 6. 记录排序\t\t| \n");
    printf("\t\t|\t 7. 记录个数\t\t| \n");
    printf("\t\t|\t 8. 显示记录\t\t| \n");
    printf("\t\t|-------------------------------------- | \n");
    printf("\t\t 请输入您的操作(0-8):");
    scanf("%d",&n);                        /*输入选择功能的编号*/
    printf("请确认(y/n):");
    scanf(" %c",&ch);                      /*输入确认的编号*/
}
```

【运行结果】

【案例分析】

本案例中定义了1个整型变量n，用于存储功能编号；定义了1个字符变量，用于存储确认信息。在main()主函数中通过printf()函数构造项目的菜单，由用户通过键盘录入来完成菜单选择，再次通过确认提示来输入确认信息。

本实例的printf中"\t"为制表符。输入时可以插入不同的格式字符十进制数（%d）、"%c"输入单个字符，"%s"输入多个字符，因为空格、回车都算字符，第一个输入的回车会录入第二个scanf里，所以第二个scanf里的格式控制符"%c"加空格。需要注意的是，输出字符串时，字符串需要用双撇号括起来。

3.3 字符输入/输出函数：学生信息管理系统中的应用

除了可以用scanf()函数和printf()函数输入输出字符外，C函数库还提供了一些专门用于输入输出字符的函数，如表3-2所示。

表3-2 常用的输入/输出库函数

库函数名	功　　能	函数原型所在头文件
scanf	格式化输入	stdio.h
printf	格式化输出	stdio.h
getchar	接收一个字符输入，以回车键结束，回显	stdio.h
putchar	输出一个字符	stdio.h

3.3.1 字符输出函数 putchar()

字符输出函数 putchar() 的功能是向输出设备输出一个字符，其一般格式：

putchar(c);

其中，c为欲输出的字符常量或变量，亦可为整型常量或变量（ASCII码）。

例如，使用putchar()函数输出控制字符、转义字符。代码如下：

```
#include<stdio.h>
main()
{   putchar('\101');
    putchar('\n');
    putchar('\\');
}
```

【运行结果】

3.3.2 字符输入函数 getchar( )

字符输入函数 getchar( ) 的功能是从输入设备上读入一个字符,其一般格式:

　　getchar();

该函数的返回值为所读入的字符,所以一般与赋值语句联合使用,将读取的字符赋给变量。例如:

```
char c;                /*定义字符变量c*/
c=getchar();           /*从键盘读入一个字符并赋值给变量c*/
```

注意:

(1) getchar( ) 只接受一个字符。如果输入多于一个字符,则只读取第一个字符,多余字符作废。(按回车键后,才开始接收字符)

(2) 用 getchar( ) 得到的字符可以赋给字符型变量、整型变量或作为表达式的一部分。例如,从键盘输入 ABC 三个字符,然后将其输出到屏幕。代码如下:

```
#include<stdio.h>
int main()
{
    char a,b,c;            /*定义字符型变量a,b,c*/
    a=getchar();           /*输入一个字符给变量a*/
    b=getchar();           /*输入一个字符给变量b*/
    c=getchar();           /*输入一个字符给变量c*/
    putchar(a);            /*输出变量a的值*/
    putchar(b);            /*输出变量b的值*/
    putchar(c);            /*输出变量c的值*/
    putchar('\n');         /*输出换行符*/
    return 0;              /*函数返回值0*/
}
```

【运行结果】

【案例分析】

本案例中用三个 getchar( ) 函数先后从键盘向计算机输入 A、B、C 这三个字符赋给变量 a、b 和 c，然后用 putchar( ) 函数输出。

3.4　C语言顺序结构在学生信息管理系统中的综合应用

【案例描述】

从键盘分别输入学生考试科目的成绩后，计算总成绩。

【代码编写】

```c
#include<stdio.h>
int main()
{
    float chinese,math,english,total;
    printf("语文成绩:");
    scanf("%f",&chinese);              /*输入语文课成绩*/
    printf("数学成绩:");
    scanf("%f",&math);                 /*输入数学课成绩*/
    printf("英语成绩:");
    scanf("%f",&english);              /*输入英语课成绩*/
    total=chinese+math+english;
    printf("语 文\t数 学\t英 语\t总 分\t\n");
    printf("%.2f\t%.2f\t%.2f\t%.2f\t\n",chinese,math,english,total);
    return 0;                          /*函数返回值*/
}
```

【运行结果】

【案例分析】

本案例中定义了 4 个实型变量（chinese、math、english 和 total）用于存储学生语文成绩、数学成绩、英语成绩和总成绩。在 main( ) 主函数中通过 3 个输入提示和输入数据操作，逐一按顺序将三科成绩进行输入后分别存储，再利用求和计算，将三科成绩总和赋予 total。最后，按顺序输出，这样按从上到下顺序进行的程序就是顺序结构。本实例的"%.2f"表示输出精度为2，小数位数超过2位部分被截去。

3.5 小结

本章主要介绍了算法的概念和特点、算法的表示方式以及 C 语言中常见的输入输出函数。通过对本章的学习，应重点掌握以下内容：
- 算法的特点包括有穷性、确定性、有效性、有零个（或多个）输入和有一个（或多个）输出这五方面内容。
- 掌握算法的三种基本结构的流程图表示方式。
- 熟练使用 scanf( ) 和 printf( ) 函数进行格式化输入输出，在这两个格式函数中，利用格式字符和附加格式字符可以更为具体地进行格式说明。
- 熟练使用 getchar( ) 和 putchar( ) 函数进行单个字符的输入输出。
- 可以进行简单的顺序结构程序设计。

3.6 习题

1. 填空题。
（1）在 C 语言中，格式化输入库函数为_____，格式化输出库函数为_____。
（2）printf( ) 函数中的格式控制字符串的作用是_____，它包含两类字符，即_____和_____。
（3）算法是_____。
（4）算法的描述方法有_____和_____等。
（5）任何复杂的程序都可以由_____、_____和_____这三种基本结构组成。

2. 选择题。
（1）执行以下程序时，想将25和2.5分别赋给a和b，正确输入方法为（　　）。

　　int a;
　　float b;
　　scanf("a=%d,b=%f",&a,&b);

A. 25 2.5　　　　B. 25,2.5　　　　C. a=25,b=2.5　　D. a=25 b=2.5

（2）若有说明语句"int a,b;"，用户输入"111222333"，结果a的值为111，b的值为333，那么以下输入正确的语句是（　　）。

A. scanf("%*3d%3c%3d",&a,&b);

B. scanf("%3d%*3c%3d",&a,&b);
C. scanf("%3d%3d%*3d",&a,&b);
D. scanf("%3d%*2d%3d",&a,&b);

（3）执行下面的程序时，假设用户输入"1 22 333"，则 ch1、ch2 和 ch3 的值为(　　)。

```
char ch1, ch2, ch3;
scanf("%1c%2c%3c",&ch1,&ch2,&ch3);
```

A. '1'、'2'、'3' 　　　　　　　　B. '1'、' '、'2'
C. '1'、'2'、' ' 　　　　　　　　D. '1'、' '、'3'

（4）阅读以下程序，若输入数据的形式为：25,13,10，则正确的输出结果为(　　)。

```
int main()
{
    int x,y,z;
    scanf("%d%d%d",&x,&y,&z);
    printf("x+y+z=%d\n",x+y+z);
    return 0;
}
```

A. x+y+z=48　　　　B. x+y+z=38　　　　C. x+y+z=35　　　　D. 无法确定

3. 编程题。

（1）实现从键盘输入一个小写字母，在显示屏上显示对应的大写字母。

（2）输入一个小写字母，打印其大写字母及其前导字母与后续字母。

（3）输入三角形的三条边（假设给定的三条边符合三角形的条件：任意两边之和大于第三边），计算三角形的面积并输出。

（4）从键盘输入两个整数分别给变量 a 和 b，要求在不借助其他变量的条件下，将变量 a 和 b 的值实现交换。

（5）从键盘输入圆的半径 r，计算并输出圆的周长和面积。

（6）假设从键盘输入从某日午夜零点到现在已经历的时间（单位：秒），编写程序计算到现在为止已过了多少天，现在的时间是多少。

（7）摄氏温度、华氏温度转换程序。要求：从键盘输入一个摄氏温度，屏幕就显示对应的华氏温度，输出取两位小数。转换公式：$F=(C+32)\times 9/5$。

（8）输入任意一个三位数，将其各位数字逆序输出（例如，输入"123"，输出"321"）。

（9）读入三个整数给 a、b、c，然后交换它们的值，把 a 中原来的值给 b、b 中原来的值给 c、c 中原来的值给 a，且输出改变后的 a、b、c 的值。

第4章 选择结构程序设计：学生信息管理系统的选择结构应用

【学习目标】

- 熟练掌握由 if 语句实现选择结构的方法
- 掌握 if-else-if 语句的格式及使用方式
- 熟练掌握 switch 语句的编写方式
- 掌握选择结构程序的编写和应用

在学生信息管理系统项目设计中，有的问题不仅仅只有一种结果，往往可能包含多个方面，就需要根据一定的外部条件来判断哪些指令要执行，例如，学生成绩可分为百分制和等级制，根据输入的百分制成绩，转换成相应的五级制成绩后输出等，这种情况如何实现呢？为了有效地解决这种根据不同的情况需要有不同的处理的问题，C 语言中采用选择结构处理的方法。

本章首先通过对格式和执行过程的介绍，使读者学习单向选择 if 语句的应用；其次，介绍双向选择 if-else 语句的应用；再次，举例介绍多向选择语句的应用；最后，给出一些例子，让读者学会用 C 语言进行选择结构程序设计。

4.1 单向选择——if 语句：学生信息管理系统中的应用

4.1.1 if 语句的格式

if 语句允许程序通过判断表达式的值从两种选项中选择一种。if 语句的最简单形式如下：

```
if(表达式)   语句
```

其中,表达式一般为逻辑表达式或关系表达式。语句可以是一条简单的语句或多条语句,当为多条语句时,需要用"{}"将这些语句括起来,构成复合语句。

4.1.2　if语句的执行流程

当表达式的值为真(非0)时,执行语句,否则直接执行if语句下面的语句。其执行流程如图4-1所示。

注意:

(1) if后面的表达式必须用圆括号括起来。
(2) if后面的表达式可以为关系表达式、逻辑表达式、算术表达式等。例如:

```
if(a>=1&&a<=10)
printf("x=%d,y=%d",x,3*x-1);
if(1) printf("OK!");                /*条件永远为真*/
if(!a) printf("input error!");
```

图4-1　if语句

在表达式中,一定要注意区分赋值运算符"="和关系运算符"=="。例如,表达式"if(x==3)"判断x的值是否等于3,而表达式"if(x=3)"则是把3赋值给x,所以表达式的值为3(非0),即为真。

【案例4-1】 学生信息管理系统项目中if单向选择结构。

【案例描述】

首次启动学生信息管理系统读取记录条数时,系统无记录,应提示"没有数据!"。试实现这一功能。

【代码编写】

```
#include <stdio.h>
int main()
{
    int m=0;                    /*变量m用于存储记录条数的初始数值*/
    if(m==0)                    /*此时判断条件m==0为真(成立)*/
    {
        printf("没有数据! \n");  /*条件为真,转入对应分支语句,换行输出*/
    }
    return 0;                   /*函数返回值*/
}
```

【运行结果】

【案例分析】

定义1个变量m,用于存储记录条数初始数值,即0。使用if语句进行条件判断(判断m是否等于0,m==0作为判断条件),此时条件成立(为真),转入分支语句,执行实现首次启动系统无记录输出提示"没有数据!"。通过以后的学习,可以后续增加数据条目,更改变量m的值,有数据m不等于0,即条件为假时,就不会输出提示信息了。

想一想:

使用单向选择编程实现,输入两个整数,输出这两个数中较大的数。

【参考代码】

```c
#include <stdio.h>
int main()
{
    int a, b, max;
    printf("input two numbers: ");
    scanf("%d%d", &a, &b);
    max = a;
    if (max < b)
        max = b;
    printf("max = %d", max);
    return 0;
}
```

【运行结果】

【案例分析】

定义三个变量(a,b和max),用来存放输入的两个整数和较大数。从键盘输入两个整数,首先假设a是较大数,将a的值赋给max,然后使用if语句进行条件判断,如果a小于b,则b为较大数,就将b的值赋给max。

4.2 双向选择——if-else 语句：学生信息管理系统中的应用

4.2.1 if-else 语句的格式

if 语句只允许在条件为真时指定要执行的语句，而 if-else 语句还可在条件为假时指定要执行的语句。if-else 语句的一般形式如下：

```
if(表达式)
    语句1
else
    语句2
```

4.2.2 if-else 语句的执行流程

当表达式为真（非 0）时，执行语句 1，否则执行语句 2，其执行流程如图 4-2 所示。

注意：

（1）整个 if-else 语句可以写在多行上，也可以写在一行上。例如：

```
if(x>0)    y=1;    else y=-1;
```

为了程序清晰，提倡写成锯齿形式的。例如：

```
if(x>0)
    y=1;
else
    y=-1;
```

（2）"语句 1"和"语句 2"是内嵌语句，它们是 if-else 语句中的一部分。每个内嵌语句的末尾都应有分号。

（3）if-else 语句无论写成几行，都是一个整体，属于同一个语句。需要注意的是，else 子句不能作为语句单独使用，它必须是 if 语句的一部分，与 if 配对使用。

（4）"语句 1"和"语句 2"可以是一个简单的语句，也可以是一个包含多个语句的复合语句。

（5）内嵌语句也可以是一个 if 语句，这就形成了 if 嵌套，将在下面介绍。

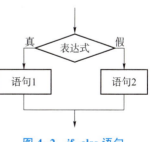

图 4-2 if-else 语句

【案例 4-2】 学生信息管理系统项目中 if 双向选择结构。

【案例描述】

已知学生信息管理系统现有一些记录，从键盘输入新学号，使用 if-else 语句进行条件判断，如果输入的新学号和现有学号相同，则输出"保存失败!"；否则，提示"已保存!"。

【代码编写】

```c
#include<stdio.h>
int main()
{
    int num=202201,stu;          /*变量 num 表示已有学号,变量 stu 表示即将输入的新学号*/
    printf("学号:");
    scanf("%d",&stu);             /*输入语文课成绩*/
    if(stu==num)                  /*将新录入的信息写入指定的磁盘文件*/
        printf("保存失败!");
    else
        printf("已保存! \n");
    return 0;                     /*函数返回值*/
}
```

【运行结果】

【案例分析】

定义两个变量（num 和 stu），用来存放已有学号和即将输入的学号。从键盘输入新学号，使用 if-else 语句进行条件判断，如果输入的新学号和已有学号相同，即符合 if-else 语句中 if 后的条件，就输出了"保存失败!"；否则，输出"已保存!"。

想一想：

使用双向选择编程实现，输入两个整数，输出这两个数中较大的数。

【参考代码】

```c
#include <stdio.h>
int main()
{
    int x,y;
    printf("input x&y: ");
    scanf("%d%d",&x,&y);
    printf("x,y:%d,%d\n",x,y);
    if(x>y)
```

```
        printf("max=x=%d\n",x);
    else
        printf("max=y=%d\n",y);
    return 0;
}
```

【运行结果】

【案例分析】

本实例也是求两个数中的较大数。定义三个变量（x，y 和 max），用来存放输入的两个整数和较大数。从键盘输入两个整数，使用 if-else 语句进行条件判断，如果 x 大于 y，则 x 为较大数，输出 x 的值；否则，y 为较大数，输出 y 的值。

4.3 多向选择——if-else-if 语句、switch 语句：学生信息管理系统中的应用

编程时经常需要判断多个条件，进而形成多个分支条件选择语句，一旦其中某一个分支条件为真，则转入该分支语句并执行。这种情况可以采用多向选择语句，多向选择分为 if-else-if 语句和 switch 语句等。那么先让我们学习 if-else-if 语句。

4.3.1 if-else-if 语句的格式

if-else-if 语句的一般形式如下：

```
if(表达式 1)              语句 1
    else if(表达式 2)      语句 2
    else if(表达式 3)      语句 3
         ⋮
    else if(表达式 n)      语句 n
else                      语句 n+1
```

4.3.2 if-else-if 语句的执行流程

依次判断表达式的值，当出现某个值为真时，就执行其对应的语句，然后跳到整个 if 语

句之外继续执行程序；如果所有的表达式都为假，就执行最后一个 else 后的语句，然后继续执行后续程序。其执行流程如图 4-3 所示。

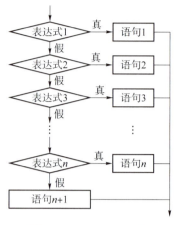

图 4-3　if-else-if 语句

4.3.3　if 语句的嵌套

在 if 语句中包含一个或多个 if 语句，称为 if 语句的嵌套。前面介绍的 if 语句的第 3 种形式（if-else-if 语句形式）就属于 if 语句的嵌套，其一般形式如下：

```
if(表达式 1)
    if(表达式 2)    语句 1  ⎫
    else           语句 2  ⎬ 内嵌 if
                           ⎭
else
    if(表达式 3)    语句 3  ⎫
    else           语句 4  ⎬ 内嵌 if
                           ⎭
```

此结构的流程图如图 4-4 所示。

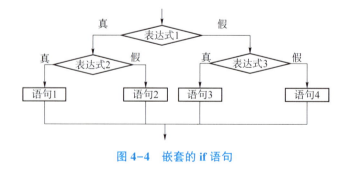

图 4-4　嵌套的 if 语句

在上述格式中，if 与 else 既可成对出现，也可不成对出现，且 else 总是与最近的且还没配对的 if 配对。在书写这种语句时，每个 else 应与对应的 if 对齐，形成锯齿形状，这样能够清晰地表示 if 语句的逻辑关系。例如：

```
if(x>=0)
    if(x>0)
        y=1;
    else
        y=0;
else
    y=-1;
```

例如，编写程序，实现输入 3 个整数，输出最大值。代码如下：

```
#include<stdio.h>
int main()
{
    int a,b,c,max;                          /*定义变量*/
    printf("请输入三个整数,用逗号隔开\n");   /*输出提示信息*/
    scanf("%d,%d,%d",&a,&b,&c);             /*输入 a,b,c 变量的值*/
    if(a>b)                                 /*a>b*/
      {if(a>c)    max=a;                    /*a>b 并且 a>c,最大值为 a*/
       else    max=c;}                      /*a>b 并且 c>a,最大值为 c*/
    else                                    /*a<b*/
      {if(b>c)    max=b;                    /*b>a 并且 b>c,最大值为 b*/
       else    max=c;}                      /*b>a 并且 c>b,最大值为 c*/
    printf("max=%d\n",max);                 /*输出最大值 max*/
    return 0;                               /*函数返回值 0*/
}
```

【运行结果】

【案例分析】

本题可以采用 if 语句嵌套进行实现。先比较 a 和 b 的大小，如果 a 大于 b，就将 a 与 c 进行比较，如果 a 也大于 c，那么最大值就为 a；否则，最大值为 c。如果 a 小于 b，就将 b 与 c 进行比较，如果 b 大于 c，那么最大值就为 b；否则，最大值为 c。

【案例 4-3】学生信息管理系统项目中 if 嵌套。

【案例描述】

已知学生信息管理系统现有一些记录，从键盘输入要删除的学号。如果查找到输入的学号，则提示"数据已找到"并确认是否删除，选择删除，则提示"删除成功!"，其他则提示"取消删除!"；否则提示"未找到数据!"。

【代码编写】

```c
#include <stdio.h>
int main()
{
    int snum,stu;
    char ch;
    stu=202204;
    printf("请输入需要删除的学生学号:");
    scanf("%d",&snum);
    if(snum==stu)                          /*查找到输入的学号*/
    {
        printf("数据已找到,是否确认删除?(y/n)");
        scanf(" %c",&ch);
        if(ch=='y' || ch=='Y' )            /*判断是否要进行删除*/
            printf("删除成功!\n");
        else                               /*用户输入的字符不是y或Y,表示取消删除*/
            printf("取消删除!\n");
    }
    else
        printf("未找到数据!");
    return 0;                              /*函数返回值*/
}
```

【运行结果】

【案例分析】

在这段代码中,外层 if 语句负责查找是否有输入的学号,有则提示"数据已找到",否则提示"未找到数据!";内层 if 语句负责确认是否删除,若选择删除则提示"删除成功!",其他则提示"取消删除!"。

想一想:

学生成绩可分为百分制和等级制,根据输入的百分制成绩 score,转换成相应的五级制成绩后输出,其对应关系如表 4-1 所示。

表 4-1 百分制与五级制对应关系

百分制	五级制	百分制	五级制
90≤score≤100	优	60≤score<70	及格
80≤score<90	良	0≤score<60	不及格
70≤score<80	中	score>100 或 score<0	无意义

【参考代码】

```c
#include <stdio.h>
int main()
{
    int score;
    printf("请输入成绩:");          /*屏幕提示语*/
    scanf("%d",&score);            /*输入百分制的分数*/
    if(score>100||score<0)          /*分值不合理时显示出错信息*/
        printf("输入数据无意义\n");
    else if(score>=90)              /*这里的else表示0=<score&&score<=100*/
        printf("优\n");
    else if(score>=80)              /*这里的else表示0=<score&&score<90*/
        printf("良\n");
    else if(score>=70)              /*这里的else表示0=<score&&score<80*/
        printf("中\n");
    else if(score>=60)              /*这里的else表示0=<score&&score<70*/
        printf("及格\n");
    else                            /*这里的else表示0=<score&&score<60*/
        printf("不及格\n");
    return 0;
}
```

【运行结果】

【案例分析】

这是一道典型的能够使用if-else-if语句形式的题目。代码定义了1个整型变量，用于存储学生成绩，通过if-else-if语句构造出一系列互斥条件。

4.3.4 switch 语句

在日常编程中，常常要把表达式和一系列值进行比较，从中找出当前匹配的值。除了if-else-if语句以外，C语言还提供了switch语句作为这类if-else-if语句的替换。switch语句往往比if-else-if语句更容易阅读。switch语句的一般形式如下：

switch(表达式)
{

```
        case 常量表达式 1:[语句 1]
        case 常量表达式 2:[语句 2]
                ⋮
        case 常量表达式 n:[语句 n]
        [default:语句 n+1]
    }
```

其中，方括号括起来的内容是可选项。

switch 语句的执行流程如图 4-5 所示。首先，计算 switch 后表达式的值；然后，将其结果与 case 后常量表达式的值依次进行比较，若此值与某 case 后常量表达式的值一致，即转去执行该 case 后的语句；若没有找到与之匹配的常量表达式，则执行 default 后的语句。

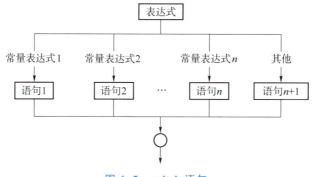

图 4-5　switch 语句

> **注意：**

（1）switch 后的表达式和 case 后的常量表达式可以是整型、字符型、枚举型，但不能是实型。

（2）同一个 switch 语句中，各个 case 后的常量表达式的值必须互不相等。

（3）case 后的语句可以是一条语句，也可以是多条语句，此时多条语句不必用花括号括起来。

（4）default 可以省略。省略时，如果没有与 switch 表达式相匹配的 case 常量，则不执行任何语句，程序转到 switch 语句后的下一条语句执行。

（5）在每个 case 或 default 语句后都有一个 break 关键字，用于跳出 switch 结构。break 语句和 switch 最外层的右花括号是退出 switch 选择结构的出口，遇到第 1 个 break 即终止执行 switch 语句，如果程序没有 break 语句，则在执行完某个 case 语句后，将继续执行下一个 case 语句，直到遇到 switch 语句的右花括号为止。因此，通常在每个 case 语句后增加一个 break 语句，以达到终止 switch 语句执行的目的。

> **想一想：**

学生成绩可分为百分制和等级制，根据输入的百分制成绩 score，转换成相应的五级制成绩后输出。

【代码编写】

```c
#include <stdio.h>
int main()
{
    int score;
    printf("Please enter score:");        /*屏幕提示语*/
    scanf("%d",&score);                    /*输入百分制的分数*/
    if(score>100||score<0)
        printf("输入数据无意义！\n");      /*分数值不合理时显示出错信息*/
    else
    switch(score/10)
    {
        case 10:
        case 9:printf("优\n");break;       /*score/10等于10和9,均执行此分支*/
        case 8:printf("良\n");break;       /*score/10等于8,执行此分支*/
        case 7:printf("中\n");break;       /*score/10等于7,执行此分支*/
        case 6:printf("及格\n");break;     /*score/10等于6,执行此分支*/
        case 5:
        case 4:
        case 3:
        case 2:
        case 1:
        case 0:printf("不及格\n");break;   /*score/10等于0~5,均执行此分支*/
    }
    return 0;
}
```

【运行结果】

【案例分析】

定义整型变量score，用if语句判断数值是否在0~100之间。如果是，就使用switch语句判断score/10的值，利用case语句检验score/10值的不同情况，并输出相关等级；否则，输出错误提示信息。

4.4 C语言选择结构在学生信息管理系统中的综合应用

【案例描述】

在学生信息管理系统项目中，设计系统功能菜单，通过输入功能编号，进行功能选择：

输入数字 0，执行"退出系统"功能；输入数字 1，执行"输入记录"功能；输入数字 2，执行"查找记录"功能；输入数字 3，执行"删除记录"功能；输入数字 4，执行"修改记录"功能；输入数字 5，执行"插入记录"功能；输入数字 6，执行"记录排序"功能；输入数字 7，执行"记录个数"功能；输入数字 8，执行"显示记录"功能；输入其他值显示："输入有误，请重新输入:"。

【代码编写】

```c
#include <stdio.h>
int main()
{
    int n;
    printf("\t\t|------------ 学生信息管理系统---------- |\n");
    printf("\t\t\t 请输入您的操作(0-8):");
    scanf("%d",&n);                              /*输入选择功能的编号*/
    switch(n)
    {
    case 0: printf("\t\t| \t 0. 退出系统\t\t| \n");break;   /*退出功能*/
    case 1: printf("\t\t| \t 1. 输入记录\t\t| \n");break;   /*输入记录功能*/
    case 2: printf("\t\t| \t 2. 查找记录\t\t| \n");break;   /*查找记录功能*/
    case 3: printf("\t\t| \t 3. 删除记录\t\t| \n");break;   /*删除记录功能*/
    case 4: printf("\t\t| \t 4. 修改记录\t\t| \n");break;   /*修改记录功能*/
    case 5: printf("\t\t| \t 5. 插入记录\t\t| \n");break;   /*插入记录功能*/
    case 6: printf("\t\t| \t 6. 记录排序\t\t| \n");break;   /*记录排序功能*/
    case 7: printf("\t\t| \t 7. 记录个数\t\t| \n");break;   /*个数统计功能*/
    case 8: printf("\t\t| \t 8. 显示记录\t\t| \n");break;   /*所有记录显示功能*/
    default:printf("输入有误,请重新输入:");break;
    }
    return 0;
}
```

【运行结果】

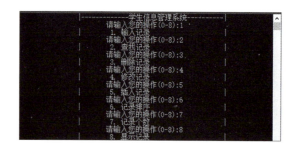

【案例分析】

本案例中使用选择结构完成学生成绩管理的简单应用。案例中定义了 1 个整型变量，用于存储功能编号。在 main( )主函数中通过 printf( )函数输出项目的操作提示，用户通过键盘录入来完成菜单选择，通过 switch 语句完成对应功能的执行。

4.5 小结

本章主要介绍了 C 语言三种基本结构中的选择结构。通过对本章的学习,应重点掌握以下内容:
- 掌握简单的 if 语句、if-else 语句和 if-else-if 语句的应用。
- 掌握嵌套的 if 语句的应用。
- 掌握 switch 语句的应用。
- 可以进行选择结构程序设计。
- 学会区分、选择 if 与 switch。

从语句的表达能力而言,凡是能够使用 switch 语句解决的问题,都可以使用 if 语句来解决。但反过来则未必,即有一些分支问题只能够使用 if 语句解决,而无法使用 switch 语句解决。因此,可以认为 switch 语句是用来实现对某些特殊分支问题的简便处理方法。当然,也有一些分支问题从表面上看无法用 switch 语句处理,或使用 switch 语句处理起来会比较麻烦,但只要使用一定的技巧或在算法上做一些优化,即可使用 switch 语句处理,这就需要程序员拥有丰富的编程经验,掌握大量的编程技巧。

if 语句适用于表达式的数据类型是单精度、双精度、指针时,需要进行复杂的逻辑关系比较、表达式的值不可枚举,其取值范围在一个连续的区间中以及与表达式进行比较的是一个变量的场景;switch 语句适用于表达式的数据类型是整型、字符型或枚举型时,值的个数是有限的,以及表达式的值可枚举,而非线性的区间值的场景。

4.6 习题

1. 填空题。
C 语言中用于选择结构的控制语句有_____语句和_____语句两种,前者用于_____的情况,而后者用于_____的情形。

2. 选择题。
(1) 如下程序的输出结果是(   )。

```
int main()
{
    int x=1,a=0,b=0;
    switch(x){
        case 0:b++;
        case 1:a++;
        case 2:a++; b++;
    }
    printf("a=%d,b=%d\n",a,b);
    return 0;
}
```

A. a=2,b=1 B. a=1,b=1
C. a=1,b=0 D. a=2,b=2

（2）如下程序的输出结果是（　　）。

```
int main()
{
    float x=2.0, y;
    if(x<0.0) y=0.0;
    else if(x<10.0) y=1.0/x;
    else y=1.0;
    printf("%f\n",y);
    return 0;
}
```

A. 0.000000 B. 0.250000
C. 0.500000 D. 1.000000

（3）设有语句"int a=1,b=2,c=3,d=4,m=2,n=2;"，执行表达式"(m=a>b)&&(n=c>d)"后n的值是（　　）。

A. 1 B. 2 C. 3 D. 4

（4）对if语句中表达式的类型，下面正确的描述是（　　）。

A. 必须是关系表达式 B. 必须是关系表达式或逻辑表达式
C. 必须是关系表达式或算术表达式 D. 可以是任意表达式

（5）多重if-else语句嵌套使用时，寻找与else配对的if方法是（　　）。

A. 缩排位置相同的if B. 其上最近的if
C. 下面最近的if D. 其上最近的未配对的if

（6）以下错误的if语句是（　　）。

A. if(x>y) z=x;
B. if(x==y) z=0;
C. if(x!=y) printf("%d",x) else printf("%d",y);
D. if(x<y) {x++; y--;}

3. 程序填空题。

（1）执行下面程序时，若从键盘上输入8，则输出为9，请填空。

```
#include<stdio.h>
int main()
{
    int x;
    scanf("%d",&x);
    if(_____>8)
    printf("%d\n",++x);
    else printf("%d\n",x--);
    return 0;
}
```

(2) 输入一个字符,如果它是一个大写字母,则把它变成小写字母;如果它是一个小写字母,则把它变成大写字母;其他字符不变,请填空。

```
#include<stdio.h>
int main()
{
    char ch;
    scanf("%c",&ch);
    if(_____)ch=ch+32;
    else if(ch>='a'&&ch<='z' )
    printf("%c",ch);
    return 0;
}
```

4. 编程题。

(1) 输入三角形三条边的边长,计算三角形的面积并输出。

(2) 输入3个整数,输出其中的最大值。

(3) 从键盘上输入 1~12 之间的数字时,显示对应月份的英文单词,当输入数字不在 1~12 的范围内时,输出 "Error!"。

(4) 根据任一年的公元年号,判断该年是否为闰年。若为闰年,则令 leap=1;若非闰年,则令 leap=0。最后判断 leap 是否为 1 (真),若是,则输出 "闰年" 信息。

(5) 输入一个字符,判断它是字母、数字还是特殊字符。

(6) 输入一个字符,判别它是否为大写字母。如果是,就将它转换成小写字母;如果不是,就不转换。然后,输出最后得到的字符。

第5章 循环结构程序设计：学生信息管理系统的循环结构应用

【学习目标】

- 掌握 while 语句的格式及使用方式
- 了解 do-while 语句的格式及使用方式
- 掌握 for 语句的格式及使用方式
- 掌握3种循环语句的区别
- 掌握 break 语句和 continue 语句的应用
- 了解 goto 语句的使用方法
- 了解循环结构的嵌套使用方式
- 掌握循环结构在学生信息管理系统中的应用

在学生信息管理系统项目设计中，并非仅处理单个学生数据，而是经常需要对所有学生数据进行相同或相似的操作。例如，要录入所有学生的成绩，求每个学生各科的总成绩，求所有学生的平均成绩，等等。在学生人数比较多的时候如何实现呢？为了有效地处理这种需要重复处理的问题，C 语言中采用循环处理的方法。循环结构是结构化程序设计的基本结构之一，许多应用程序都包含循环，因此必须熟练掌握循环结构的概念及使用方法。

本章首先介绍 while 语句、do-while 语句的格式与执行流程；其次，介绍 for 语句的格式与执行流程；再次，比较三种循环语句的区别，介绍循环嵌套和 break 语句、continue 语句及 goto 语句的格式与执行流程；最后，在学生信息管理系统中加以应用。

5.1 while 语句：学生信息管理系统中的应用

while 语句和条件判断语句有些相似，都是根据条件判断来决定是否执行花括号内的执行语句。其区别在于，while 语句会反复地进行条件判断，只要条件成立，{} 内的执行语句就会执行，直到条件不成立，while 循环结束。

5.1.1　while 语句的格式

while 语句又称为当型循环语句，是一种在执行循环体之前先测试循环条件的循环结构。其一般形式如下：

```
while (条件表达式)
    循环体语句
```

其中，条件表达式是循环条件，可以是任意类型的表达式，常用的是关系表达式或逻辑表达式；循环体语句为循环体，循环体既可以是一条简单的语句，也可以是多条语句组成的复合语句（用花括号括起来）。

5.1.2　while 语句的执行流程

while 语句的执行流程如图 5-1 所示。执行该语句时，先计算表达式的值，如果它为真（表达式为非 0），则执行循环体语句；接着，再次判定表达式的值，如果它仍为真，就继续执行循环体，否则循环结束，执行 while 语句后的下一条语句。

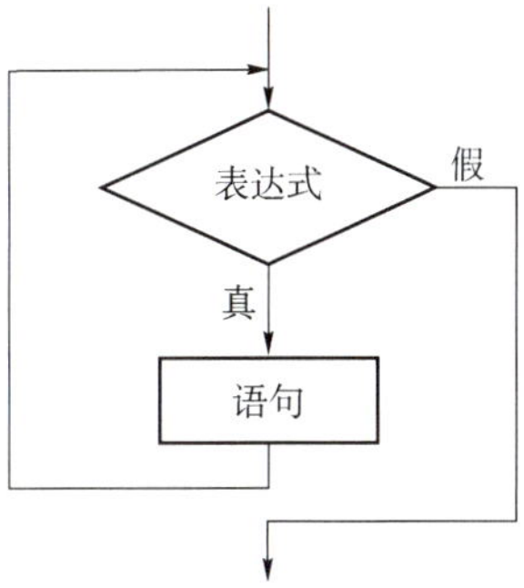

说明：

（1）循环的结束由 while 后面的表达式控制。循环体中必须有修改表达式值的语句，使其结果有假的时候；否则，将出现"死循环"。

（2）循环体如果包含一个以上的语句，应该用花括号括起来，以复合语句形式出现。如果不加花括号，则 while 语句的范围只到 while 后面第一个分号处。

（3）由于 while 语句是先判断表达式，后执行循环体，因此若第一次判断表达式的值就为假，则循环体一次也不执行。

图 5-1　while 语句的执行流程

（4）循环四要素包括循环控制变量初始值、循环条件的设置、循环语句的编写和循环控制变量的变化。

【案例 5-1】 学生信息管理系统项目中求某名学生 5 门考试科目的总成绩。

【案例描述】
从键盘输入一个班某名学生 5 门考试科目的成绩，用 while 语句求此学生的总成绩。
【代码编写】

```
#include<stdio.h>
void main()
```

```
{
    float fScore,fTotal=0;
    int i=1;
    printf("请输入某名学生的 5 门成绩:\n");
    while(i<=5)                           /*循环,当 i>5 时结束*/
    {
        scanf("% f ",&fScore);
        fTotal=fTotal+fScore;             /*求总成绩,将结果放入 fTotal*/
        i++;                              /*循环控制变量 i 加 1*/
    }
    printf("总成绩=%.2f\n", fTotal);      /*输出总成绩 fTotal 的值*/
}
```

【运行结果】

【案例分析】

在本案例中，应用 while 语句来实现。循环开始时，初始状态的设置是由变量 i 和 fTotal 的初始化来完成的，然后从键盘输入某名学生的 5 门成绩 fScore。循环的执行条件是 i<=5，在满足这一条件的情况下，fScore 的值被累加到变量 fTotal 中，然后由语句 i++修改循环控制变量 i 的值。当 while 语句执行完毕后，变量 fTotal 中就保存了此学生的 5 科成绩的累加和。

想一想：

1. 编写程序求 100 以内能被 3 整除但不能被 7 整除的数之和，并输出结果。

【参考代码】

```
#include<stdio.h>
void main()
{
    int i,sum;
    sum=0;
    i=1;                                  /*循环变量赋初值*/
    while(i<=100)                         /*循环条件*/
    {
        if(i%3==0&&i%7!=0)                /*判断 i 是否能被 3 整除但不能被 7 整除*/
            sum=sum+i;
        i++;                              /*循环控制变量 i 加 1*/
    }
    printf("100 以内能被 3 整除但不能被 7 整除的数之和为:%d\n",sum);
}
```

2. 编写程序计算10！并输出结果。
【参考代码】

```c
#include<stdio.h>
void main()
{
    int i,sum;
    sum=1;
    i=1;                              /*循环变量赋初值*/
    while(i<=10)                      /*循环条件*/
    {
        sum=sum*i;                    /*循环体语句*/
        i++;                          /*循环控制变量i加1*/
    }
    printf("10 的阶乘为:%d\n",sum);
}
```

在程序2中sum的初值为1，而在程序1中sum的初值为0，想一想原因。

5.2 do-while 语句：学生信息管理系统中的应用

5.2.1 do-while 语句的格式

do-while 语句又称为直到型循环语句，是一种在执行循环体后才测试循环条件的循环结构。其一般形式如下：

```
do
    循环体语句
while (条件表达式);
```

5.2.2 do-while 语句的执行流程

do-while 语句的执行流程如图 5-2 所示。首先，执行循环体语句一次；然后，计算表达式的值，若为真则继续执行循环体，并再计算表达式的值，当表达式的值为假时，终止循环，执行 do-while 语句后的下一条语句。因此，do-while 语句至少执行一次循环语句。

💡 注意：

do-while 语句中，条件放在 while 后面的圆括号中，并且最后必须加上一个分号，这是很多初学者容易遗漏的。

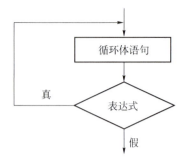

图 5-2 do-while 语句的执行流程

【案例 5-2】学生信息管理系统项目中求某名学生 5 门考试科目的总成绩。

【案例描述】

从键盘输入某名学生 5 门考试科目的成绩，用 while 语句求此学生的平均成绩。

【代码编写】

```c
#include<stdio.h>
void main()
{
    float fScore,fTotal=0;
    int i=1;
    printf("请输入某名学生的5门成绩:\n");
    do
    {
        scanf("%f",&fScore);
        fTotal=fTotal+fScore;
        i++;
    } while(i<=5);
    printf("总成绩=%.2f\n",fTotal);
}
```

【运行结果】

【案例分析】

编程思路与案例 5-1 相似，只是用 do-while 语句来实现，从案例 5-1 和案例 5-2 可以看出，对同一个问题既可以使用 while 语句实现也可以使用 do-while 语句实现，在此程序中二者完全等价。

第5章 循环结构程序设计：学生信息管理系统的循环结构应用

想一想：

1. 打印输出 100 以内的所有偶数。

【参考代码】

```c
#include<stdio.h>
void main()
{
    int i=2;                    /*循环变量赋初值*/
    do
    {
        if(i%2==0)              /*判断i是否为偶数*/
            printf("%d\n",i);
        i++;                    /*循环控制变量i加1*/
    } while(i<=100);
}
```

此程序还有一种编程方案，想一想是什么？试着练习编程，输出 100 以内的所有奇数。

2. 编写程序求斐波那契（Fibonacci）数列的前 20 项。Fibonacci 数列指的是这样一个数列：1、1、2、3、5、8、13、21、……，递推公式为：$F(1)=1$，$F(2)=1$，$F(n)=F(n-1)+F(n-2)$，$n \geq 3$。

【参考代码】

```c
#include<stdio.h>
void main()
{
    long f1=1,f2=1,f3;
    int i=3;                        /*循环变量赋初值*/
    printf("%10ld%10ld",f1,f2);     /*输出前两项*/
    do
    {
        f3=f1+f2;
        printf("%10ld",f3);         /*循环输出3~20项*/
        if(i%4==0)
            printf("\n");           /*每行4项进行输出*/
        f1=f2;
        f2=f3;
        i++;                        /*循环控制变量i加1*/
    }while(i<=20);
}
```

在此程序中，循环变量 i 的初值为 3。想一想，若把 i 的初始值设为 1，将如何编程？请注意分析哪种编程思路使程序更简洁清晰。

5.2.3　while 循环和 do-while 循环的比较

while 循环和 do-while 循环的区别：

（1）执行流程不同。do-while 语句先执行一次循环体，再判断表达式；while 语句先判断表达式，再执行循环体。

（2）执行循环体的次数可能不同。do-while 语句的循环体至少执行一次；while 语句的循环体可能一次也不执行。

while 循环和 do-while 循环的程序对比如下：

```
/* while 循环 */
#include <stdio.h>
void main()
{
    int sum=0,i;
    scanf("%d",&i);
    while (i<=10)
    {sum=sum+i;
        i++;
    }
    printf("sum=%d\n",sum);
}
```

```
/* do-while 循环 */
#include <stdio.h>
void main()
{
    int sum=0,i;
    scanf("%d",&i);
    do
    {sum=sum+i;
     i++;
    } while(i<=10);
    printf("sum=%d\n",sum);
}
```

【运行结果】

1↙
sum=55

再运行一次：

11↙
sum=0

【运行结果】

1↙
sum=55

再运行一次：

11↙
sum=11

说明：

一般情况下，用 while 语句和 do-while 语句处理同一问题时，若二者的循环体部分是一样的，则其结果也一样。如案例 5-1 和案例 5-2 中的循环体是相同的，得到的结果也相同，如果 while 后面的表达式一开始就为假，则两种循环的结果是不同的。在本程序中，当输入 i 的值<10 或 =10 时，二者得到的结果相同；而当 i>10 时，二者的结果就不同了。这是因为，此时表达式"i<=10"为假，while 循环一次也不执行循环体，而 do-while 循环执行一次循环体。因此，当 while 后面的表达式第一次的值为真时，两种循环得到的结果相同；否则，二者得到的结果不相同。

5.3 for 语句：学生信息管理系统中的应用

for 语句是 C 语言中最为灵活且使用最为广泛的一种循环控制语句，它完全可以代替 while 语句，不仅可以用于循环次数不确定的情况，而且特别适合循环次数已经确定的情况。

5.3.1 for 语句的格式

对一个循环程序来说，最关键的三个部分是循环控制变量初始值、循环条件的设置、循环控制变量的修改。for 语句将这三部分作为表达式一并放在了关键字 for 后面的圆括号中，以便于描述、阅读和检查程序。其一般形式如下：

```
for(表达式 1;表达式 2;表达式 3)
    循环体语句
```

通常情况下：

表达式 1：一般为赋值表达式，用于给循环变量赋初值，只执行一次。

表达式 2：一般为关系表达式或逻辑表达式，是循环控制条件，用于判断循环是否继续执行。

表达式 3：一般为赋值表达式或自增自减表达式，用于修改循环变量的值，以便将循环条件一步步向终止方向推进。

循环体语句：当有多条语句时，必须使用复合语句，用花括号括起来。

5.3.2 for 语句的执行流程

for 语句的执行流程（图 5-3）如下：

第 1 步，求解表达式 1 的值，为循环变量赋初值。应当注意，该语句在整个循环中只在开始时执行一次。

第 2 步，判断表达式 2 是否成立。若其值为真（非 0），则执行 for 循环体语句，然后执行第 3 步；若其值为假（0），则结束循环，转到第 5 步。

第 3 步，求解表达式 3 的值，更新循环控制变量的值。

第 4 步，转回第 2 步，重新判断表达式 2 是否成立，继续执行。

第 5 步，循环结束，执行 for 语句下面的一个语句。

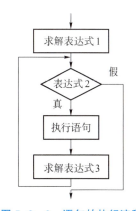

图 5-3 for 语句的执行流程

【案例5-3】 学生信息管理系统项目中求某名学生5门考试科目的总成绩。

【案例描述】

从键盘输入某名学生5门考试科目的成绩,用for语句求此学生的总成绩。

【代码编写】

```c
#include<stdio.h>
void main()
{
    float fScore,fTotal=0;
    int i;
    printf("请输入某名学生的5门成绩:\n");
    for(i=1;i<=5;i++)                /*循环,当i>5时结束*/
    {
        scanf("%f",&fScore);
        fTotal=fTotal+fScore;        /*求总成绩,将结果放入fTotal*/
    }
    printf("总成绩=%.2f\n", fTotal); /*输出总成绩fTotal的值*/
}
```

【运行结果】

【案例分析】

编程思路与案例5-1和案例5-2相似,只是用for语句来实现。可以看出,for语句把循环的初始化操作、条件判断和循环控制状态的修改都放在了for后面的括号中,程序更简洁。

想一想:

1. 编写程序求100~200之间的偶数之和。

【参考代码】

```c
#include<stdio.h>
void main()
{
    int i,sum;
    sum=0;
    for(i=100;i<=200;i+=2)           /*循环变量赋初值、循环条件、循环变量的修改*/
    {
        sum=sum+i;                   /*循环体语句*/
    }
    printf("100~200之间的偶数之和为:%d\n",sum);
}
```

2. 用 $\frac{\pi}{4} \approx 1 - \frac{1}{3} + \frac{1}{5} - \frac{1}{7} + \cdots$ 公式求 π 的近似值,直到最后一项的绝对值小于 10^{-6} 为止(该项不累加)。

【参考代码】

```c
#include <stdio.h>
#include <math.h>
void main()
{
    int a=1;                    /*分母*/
    float b=1;                  /*分子*/
    float t=1;                  /*项*/
    float pi=0;                 /*和*/
    for(;fabs(t)>1e-6; b+=2)
    {
        t=a/b;                  /*求项*/
        pi=pi+t;                /*求和*/
        a=-a;                   /*正负号*/
    }
    pi=pi*4;
    printf("π的近似值为:%10.6f\n",pi);
}
```

注意不要把 b 定义为整型变量,想一想原因。练习将这两个程序用 while 语句和 do-while 语句进行改写。

5.3.3 使用 for 语句的几点说明

说明1:for 循环中的3个表达式都是可选项,即可以任意省略,但";"不能省略。

(1) 省略表达式1,即不设置初值。此时为了能正常执行循环,应在 for 语句之前为循环变量赋初值,即表达式1可以写在 for 语句结构的外面。

例如:

```
i=1;
for( ;i<=100;i++)
    s=s+i;
```

(2) 省略表达式2,即不判断循环条件是否成立,默认表达式2始终为真。因此,如果不做其他处理,便成了死循环。

例如:

```
for(i=1;;i++)
    s=s+i;
```

(3) 省略表达式 3，此时可在循环体内加入修改循环控制变量的语句。

例如：

```c
for(i=1;i<=5;)
{
    s=s+i;
    i++;
}
```

(4) 同时省略表达式 1、3，此时完全等同于 while 语句。

例如：

```c
i=1;
for(;i<=100;)
{
    s=s+i;
    i++;
}
```

等价于：

```c
i=1;
while(i<=100)
{
    s=s+i;
    i++;
}
```

(5) 将表达式 1、2、3 全部省略。这是一个死循环，与 while(1) 的功能相同。一般在循环体内适当位置，利用条件表达式与 break 语句配合使用，一旦条件满足，就用 break 语句跳出循环体。

例如：

```c
int i=1,s=0;
for(;;)
{
    s=s+i;
    i++;
    if(i>100)   break;
}
```

表示当满足 i>100 时，使用 break 语句退出循环。

说明 2：表达式 1 和表达式 3 可以是简单的表达式，也可以是逗号表达式。

例如：

```
for(i=1,j=10;i<=j;i++,j--)
    s=i+j;
```

在此段代码中，表达式 1 和表达式 3 为逗号表达式，表达式 1 同时为 i 和 j 赋初值，表达式 3 同时改变 i 和 j 的值，表示循环可以有多个控制变量。

另外，可以把循环体和一些与循环控制无关的操作也作为表达式 1 或表达式 3 出现，使程序可以短小简洁。

例如：

```
for(s=0,i=1;i<=10;i++)
    s=s+i;
```

然而，过多地利用这一特点会使 for 语句显得杂乱，降低程序可读性。因此，建议不要把与循环控制无关的内容放到 for 语句中。

5.4 三种循环语句的比较

C 语言中构成循环结构的有 while 语句、do-while 语句和 for 语句，下面对其进行比较。

（1）在一般情况下，这 3 种循环语句都可以用来处理同一个问题，它们可以相互替代。

（2）for 循环和 while 循环是在执行循环体之前测试循环条件，do-while 循环则是在执行循环体之后测试循环条件。因而 for 循环和 while 循环可能连一次循环体都未执行就结束了循环，而 do-while 循环至少执行一次循环。

（3）while 和 do-while 循环语句用在循环次数事先不可确定的情况下，for 语句则主要用在事先知道循环次数的情况下。对于那些事先无法确定循环次数的情况，往往使用 while 或 do-while 循环语句更有效。

（4）用 while 语句和 do-while 语句时，循环变量的初始化操作应在 while 语句和 do-while 语句之前完成，而 for 语句可以在表达式 1 中实现循环变量的初始化。while 语句和 do-while 语句的循环体中应包括使循环趋于结束的语句，而 for 语句可以在表达式 3 中实现。在这三种循环语句中，for 语句的功能最强，所以在实际中应用最广。

【案例 5-4】 循环语句的运用——猜数小游戏。

【案例描述】

有这样一个猜数小游戏，由系统随机产生一个 0~100 之间的整数。如果猜对了，则提示"太棒了！恭喜你，你猜对了"，并输出该数字；如果猜错了，给玩家一个方向提示；并且，可以统计玩家猜的次数，可以设定次数上限。

【代码编写】

```c
#include <stdio.h>
#include <stdlib.h>
#define N 5
void main()
{
    int count=0;                    /*统计猜的次数*/
    int num;
    int guess;                      /*从键盘输入的数字*/
    num=rand()%100;                 /*系统随机生成的整数*/
    printf("欢迎玩猜数字,%d 次试玩机会\n\n",N);
    while (guess!=num)
    {
        printf("请输入 0 到 100 之间的整数:");
        scanf("%d",&guess);
        if (guess==num)             /*根据比较结果,提示玩家猜对了、大了或小了*/
            printf("太棒了！恭喜你,你猜对了,数字是%d\n\n",num);
        else if(guess<num)
            printf("你猜小了哦！\n\n");
        else
            printf("你猜大了哦！\n\n");
        count++;
        if(count>=N)                /*猜错 N 次,结束游戏*/
        {
            printf("游戏结束!");
            break;
        }
    }
    printf("您一共猜了%d 次！\n",count);
}
```

【运行结果】

【案例分析】

我们玩游戏的时候，都有开始游戏和退出游戏，这个游戏需要玩家输入猜测的数字，根据与系统随机生成的数字进行比较的情况进行判断大小,但是我们有可能不会一次猜对,所以我们需要一个循环输入。结束循环的条件有两个:一个是玩家猜对了,另一个是试玩机会用完了。所以本实例是一个循环次数事先不可确定的情况,使用 while 语句或 do-while 语句更有效。使用 do-while 语句编程,即使将试玩机会设为 0 次,循环体语句也会执行一次。

5.5 循环的嵌套

在一个循环体内包含另一个完整的循环结构,这称为循环的嵌套。嵌在循环体内的循环称为内循环,嵌有内循环的循环称为外循环。内嵌的循环中还可以嵌套循环,这就是多层循环。

C 语言提供的三种循环语句既可以自身嵌套,也可以相互嵌套,其可自由组合。外层循环体中可以包含一个或多个内层循环结构。例如,下面 4 种形式都是合法的循环嵌套。

第 1 种:
```
while(表达式){
    语句
    while(表达式){
        语句
    }
}
```

第 2 种:
```
do{
    语句
    do{
        语句
    }while(表达式);
}while(表达式);
```

第 3 种:
```
for(表达式 1;表达式 2;表达式 3)
{
    语句
    for(表达式 1;表达式 2;表达式 3)
    {
        语句
    }
}
```

第 4 种:
```
while(表达式)
{
    语句
    for(表达式 1;表达式 2;表达式 3)
    {
        语句
    }
}
```

当然,还有不同结构的循环嵌套,这里只列举了一部分。只要将每种循环结构的方式把握好,就可以正确写出循环嵌套。

> **注意:**
>
> (1) 循环嵌套时,被嵌套的一定是一个完整的循环结构,即各循环必须完整包含,相互之间不允许有交叉现象。
>
> (2) 理论上,循环嵌套的层数可以是多层,但从算法效率上考虑,一般嵌套的层数多为双层。

(3) 外层循环执行一次，内层循环执行一轮（即执行完自己的循环）。
(4) 内层循环与外层循环的循环控制变量不要相同。

例如：

```
for(i=1;i<=3;i++)              /*循环 3 次*/
{
    for(j=1;j<=5;j++)          /*循环 5 次*/
        printf("%d\n",i+j);    /*输出 15 次*/
}
```

如果写成下面的代码，执行流程和结果将完全不同。

```
for(i=1;i<=3;i++)
{
    for(i=1;i<=5;i++)
        printf("%d\n",i+i);    /*输出 5 次*/
}
```

【案例 5-5】循环嵌套的运用——九九乘法表。

【案例描述】

按行列方式输出九九乘法表。九九乘法表是一个 9 行 9 列的二维表，行和列都要变化，而且在变化中互相约束。

【代码编写】

```c
#include<stdio.h>
void main()
{
    int i=1,j=1;
    printf("九九乘法表：\n");
    while(i<=9)                    /*外层循环控制输出多少行*/
    {
        int j=1;
        while(j<=i)                /*内层循环控制输出多少列*/
        {
            printf("%d*%d=%2d\t",i,j,i*j);
            j++;
        }
        printf("\n");              /*换行*/
        i++;
    }
}
```

第5章 循环结构程序设计：学生信息管理系统的循环结构应用

【运行结果】

```
九九乘法表：
1*1= 1
2*1= 2  2*2= 4
3*1= 3  3*2= 6  3*3= 9
4*1= 4  4*2= 8  4*3=12  4*4=16
5*1= 5  5*2=10  5*3=15  5*4=20  5*5=25
6*1= 6  6*2=12  6*3=18  6*4=24  6*5=30  6*6=36
7*1= 7  7*2=14  7*3=21  7*4=28  7*5=35  7*6=42  7*7=49
8*1= 8  8*2=16  8*3=24  8*4=32  8*5=40  8*6=48  8*7=56  8*8=64
9*1= 9  9*2=18  9*3=27  9*4=36  9*5=45  9*6=54  9*7=63  9*8=72  9*9=81
Press any key to continue
```

【案例分析】

循环嵌套时，需要注意内外循环的关系。本案例应用嵌套的两个 while 循环来实现，先进入外循环执行，外循环由变量 i 控制，i 取值由 1 变到 9，每执行一次循环体，i 的值就递增1，共循环9次，每次循环的最后加一个回车符换行，即一共输出9行。

内循环每轮的循环次数都不相同。由于内循环是外循环的循环体语句，因而外循环的每轮循环都会执行内循环，内循环由变量 j 控制，外循环每轮循环使 i 增加1，所以外循环每循环一次，内循环的循环次数就增加一次。

下面模拟该程序的执行过程。

（1）外循环第一轮循环。

i 的值为1（以下简写为 i=1），故而 i<=9 成立，进入循环体。

内循环的第一轮循环：

j=1，故而 j<=i 成立，进入循环体：

输出 "1 * 1 = 1"。

执行++j，得 j=2，故而 j<=i 不成立，内循环结束。

输出 \n，即换行。

执行++i，得 i=2，故而 i<=9 成立，开始第二轮循环。

（2）外循环第二轮循环。

① 内循环的第一轮循环。

j=1，故而 j<=i 成立，进入循环体；

输出 "2 * 1 = 2"。

执行++j，得 j=2，故而 j<=i 仍然成立，开始第二轮循环。

② 内循环的第二轮循环

输出 "2 * 2 = 4"。

执行++j，得 j=3，故而 j<=i 不成立，内循环结束。

输出 \n，换行。

执行++i，得 i=3，故而 i<=9 成立，开始第三轮循环。

至此，输出结果如下：

1 * 1 = 1

2 * 1 = 2   2 * 2 = 4

（3）~（9）外循环第三轮循环至第九轮循环从略，请读者自行模拟。

【案例5-6】 学生信息管理系统项目中循环嵌套的应用。

【案例描述】

假设全班有10名学生，编写一个程序，连续输入10个学生的所有考试科目成绩，计算每个学生的平均成绩并输出。

【代码编写】

```c
#include<stdio.h>
#define N 4
#define M 10
void main()
{
    float fScore,fTotal,fAve;
    int i,j;
    printf("请输入每个学生的各科成绩:\n");
    for(i=1;i<=M;i++)                    /*外循环,当i>M时结束*/
    {
        fTotal=0;
        for(j=1;j<=N;j++)                /*内循环,当j>N时结束*/
        {
            scanf("%f",&fScore);
            fTotal=fTotal+fScore;        /*求第j个学生的总成绩*/
        }
        fAve=fTotal/N;                   /*求第j个学生的平均成绩*/
        printf("No.%d 平均成绩=%.2f\n",j,fAve);  /*输出每个学生的平均成绩*/
    }
}
```

【运行结果】

【案例分析】

本案例中应用嵌套的两个for循环来实现。在案例中,计算一个班级每个学生所有考试科目的平均成绩,需要先计算一个学生所有考试科目的平均成绩,再计算所有学生的平均成绩,即可得到题目所求。

如何计算一个学生的平均成绩?假设考试科目数为 N,则代码如下:

```
for(j=1;j<=N;j++)           /*内循环,j初值为1,当j>N时结束*/
{
    scanf("%f",&fScore);
    fTotal=fTotal+fScore;
}
fAve=fTotal/N;
```

如何计算所有学生的平均成绩？假设考试人数为 M，则将上面的程序段用 for 语句循环 M 次，即外循环 i 的初值为 1，当 i>M 时结束。该程序的执行流程如图 5-4 所示。

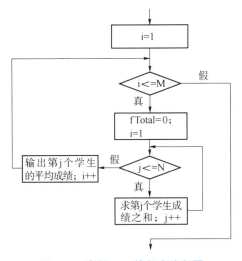

图 5-4　案例 5-6 的程序流程图

5.6 转移语句：学生信息管理系统中的应用

在 C 语言中，可以使用转移语句来转移程序的正常执行流程。转移语句包括 break 语句、continue 语句和 goto 语句。

5.6.1 break 语句

1. 语句格式

```
break;
```

2. 语句用法

break 语句的应用有下列 3 种情况。

（1）用在 switch 语句中。其作用是跳出 switch 语句，执行 switch 语句的下一个语句。

（2）用在循环结构中。其作用是跳出循环体，提前结束整个循环，接着执行循环体后续的语句。

（3）如果使用的是嵌套循环，break 语句会停止执行当前内循环。

例如：

```
int num=0;
float score;
printf("请输入学生成绩:");
while(1)
{
    scanf("%f",&score);
    if(score<60)   break;
    num++;
}
printf("%d",num);
```

上述程序中，while(1) 是无限循环，即死循环。这种情况下，在循环体中设了一个结束控制，即将 break 语句放在 if 语句中，当输入的成绩小于 60 时，结束循环。

5.6.2　continue 语句

1. 语句格式

```
continue;
```

2. 语句用法

continue 语句用在循环语句中，其作用是结束本次循环的执行，跳过 continue 语句后面未执行的语句，继续进行下一次循环。

例如：

```
int num=0;
float score;
printf("请输入学生成绩:\n");
for(num=1;num<=30;num++)
{
    scanf("%f",&score);
    if(score<60) continue;
    else
        printf("成绩及格%d人\n",num);
}
```

上述程序中，当输入的成绩小于 60 时，执行 continue 语句，结束本次循环，即跳过循环体中后续尚未执行的 printf 语句，接着进行下一次是否执行循环的判定。只有输入的成绩大于等于 60 时，才执行 printf 语句。

continue 语句和 break 语句的区别：continue 语句只结束本次循环，而不是终止整个循环的执行；break 语句结束整个循环过程，不再判断执行的条件是否成立。

想一想：

1. 使用 continue 语句打印输出 100 以内的所有偶数。

【参考代码】

```c
#include<stdio.h>
void main()
{
    int i;
    for(i=2;i<=100;i++)
    {
        if(i%2==1)
            continue;
        printf("%d\n",i);
    }
}
```

2. 编写程序实现输入一个整数，判断此数是否为素数。

【参考代码】

```c
#include<stdio.h>
void main()
{
    int i,m;
    printf("请输入一个整数:");
    scanf("%d",&m);
    for(i=2;i<m;i++)
    {
        if(m%i==0)
            break;
    }
    if(i<m)
        printf("%d 不是素数！\n",m);
    else
        printf("%d 是素数！\n",m);
}
```

5.6.3 goto 语句

1. 语句格式

goto 语句为无条件转向语句,使用它可以使程序跳转到函数中任何有标号的语句处。它的一般形式如下:

```
goto 语句标号;
```

语句标号用标识符表示,它的命名规则与变量名相同,即由字母、数字和下划线组成,其第一个字符必须为字母或下划线,不能用整数来做标号。

2. 语句用法

goto 语句的功能就是控制程序转移到指定标号处,并执行冒号后的语句。一般来说,它可以有两种用法。

(1) 与 if 语句一起构成循环结构。例如:

```
void main()
{
    int i=1,sum=0;
flag:
    sum+=i;
    i++;
    if(i<=100)
       goto flag;          /*转移到标号语句*/
    printf("sum=%d\n",sum);
}
```

(2) 从循环体内跳到循环体外。

由于在 C 语言中可以用 break 语句和 continue 语句跳出本层循环和结束本次循环,因此 goto 语句的使用机会已大大减少。只有当需要从多层循环的内层跳到外层时才会用到 goto 语句,但这种用法不符合结构化程序设计原则。它使程序结构无规律、可读性变差,一般不宜采用,只有在不得已时(例如,能大大提高程序的执行效率)才使用。

5.7　C 语言循环结构在学生信息管理系统中的综合应用

【案例描述】

设计学生信息管理系统功能菜单,在学生信息管理系统界面输入登录密码,若密码错误,就提示"密码输入错误",第三次密码错误时,提示"三次密码输入错误,3 秒之后关闭系统"。若输入的密码正确,则循环提示"请输入您的操作(0-8):"。

本案例只是用于实现选择功能，密码正确时，输入数字0，执行"退出系统"功能；输入数字1，执行"输入记录"功能；输入数字2，执行"查找记录"功能；输入数字3，执行"删除记录"功能；输入数字4，执行"修改记录"功能；输入数字5，执行"插入记录"功能；输入数字6，执行"记录排序"功能；输入数字7，执行"记录个数"功能；输入数字8，执行"显示记录"功能；输入其他值，显示"输入有误，请重新输入："。

【代码编写】

```c
#include <stdio.h>
#include <windows.h>
#include <string.h>
void main()
{
    int pwd,select,num=1,flag=1;              /*定义变量,密码、选项、次数*/
    while (num <= 3)                          /*外循环控制密码最多输入3次*/
    {
        printf("请输入密码:");
        scanf("%d", &pwd);
        system("cls");                        /*清屏*/
        if (pwd == 123456)                    /*判断密码是否正确*/
        {
            printf("\t\t|---------- 学生信息管理系统-------- |\n");
            while(flag==1)                    /*操作选项循环显示*/
            {
                printf("\t\t\t 请输入您的操作(0-8):");
                scanf("%d", &select);
                switch(select)                /*判断选项*/
                {
                    case 0: printf("\t\t|\t 0. 退出系统\t\t|\n"); flag=0;break;
                                              /*利用 flage=0 终止 while 内循环*/
                    case 1: printf("\t\t|\t 1. 输入记录\t\t|\n"); break;  /*输入记录功能函数调用*/
                    case 2: printf("\t\t|\t 2. 查找记录\t\t|\n"); break;  /*查找记录功能函数调用*/
                    case 3: printf("\t\t|\t 3. 删除记录\t\t|\n"); break;  /*删除记录功能函数调用*/
                    case 4: printf("\t\t|\t 4. 修改记录\t\t|\n"); break;  /*修改记录功能函数调用*/
                    case 5: printf("\t\t|\t 5. 插入记录\t\t|\n"); break;  /*插入记录功能函数调用*/
                    case 6: printf("\t\t|\t 6. 记录排序\t\t|\n"); break;  /*记录排序功能函数调用*/
                    case 7: printf("\t\t|\t 7. 记录个数\t\t|\n"); break;  /*个数统计功能函数调用*/
                    case 8: printf("\t\t|\t 8. 显示记录\t\t|\n"); break;
                                              /*所有记录显示功能函数调用*/
                    default:printf("\n\t\t 输入有误,请重新输入:\n \n");break;
                }
            }
            break;                            /*终止 while 外循环*/
```

```
            }
        else                                        /*密码错误*/
        {
           if(num<3)                                /*密码输入次数小于3次*/
           printf("密码输入错误! \n");
           else                                     /*密码输入次数等于3次*/
           {
                   printf("三次密码输入错误,3秒之后关闭系统\n");
                   Sleep(3000);
           }
           num++;                                   /*统计密码输出次数*/
        }
     }
  }
```

【运行结果】

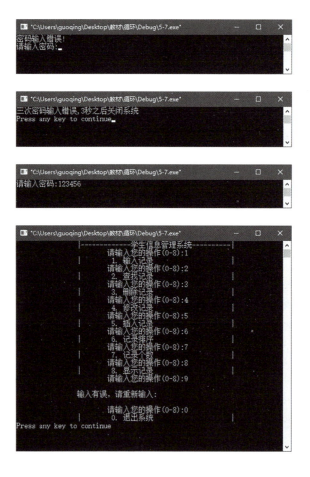

【案例分析】

本案例首先使用 while 控制语句外循环输入登录密码三次，如果密码正确，就进入操作界面。使用 while 语句控制内循环。根据输入执行相应操作，case 0 输出"0. 退出系统"；

case 1 输出 "1.录入记录"; case 2 输出 "2. 查找记录"; case 3 输出 "3. 删除记录"; case 4 输出 "4. 修改记录"; case 5 输出 "5. 插入记录"; case 6 输出 "6. 记录排序"; case 7 输出 "7. 记录个数"; case 8 输出 "8. 显示记录"; default 输出 "输入有误,请重新输入:"。

本案例具体算法如下:

(1) 定义变量,用于保存密码、选项、次数和标记。
(2) 使用 while 外循环控制最多输入三次密码。
(3) 使用 scanf 语句输入登录密码。
(4) 使用 if 语句判断密码是否正确。
(5) 若密码正确,则循环提示 "请输入您的操作 (0-8):",并使用 switch 语句判断选项,执行相应操作。当 flag 为 0 时终止内循环,不再提示 "请输入您的操作 (0-8):"。
(6) 若密码错误,则判断密码输入次数是否小于 3 次。如果小于 3 次,就提示 "密码输入错误";否则,提示 "三次密码输入错误,3 秒之后关闭系统"。
(7) 密码次数加 1,直到密码输入超过 3 次。

5.8 小结

人们在处理问题时,常常遇到需要反复执行某一操作的情况,这就需要用到循环控制。许多应用程序都包含循环,循环结构是程序中一种很重要的结构,是各种复杂程序的构造单元,其特点是在给定条件成立时,反复执行某程序段,直到条件不成立为止。

本章主要介绍了最常用的几种循环结构,通过对本章的学习,应重点掌握以下内容。
- 掌握 while 语句、do-while 语句以及 for 语句的使用方法,以及三者之间的异同。
- 掌握循环嵌套的应用。
- 掌握 break 语句和 continue 语句的应用,了解 goto 语句的使用方法。
- 可以进行循环结构程序设计。

5.9 习题

1. 选择题。
(1) 语句 "while(!e);" 中的表达式 "!e" 等价于 (   )。
   A. e==0   B. e!=1   C. e!=0   D. e==1
(2) 设有如下程序段:

   int k=10;
   while(k=0) k=k-1;

则下面描述中正确的是 (   )。
   A. while 循环执行 10 次   B. while 是无限循环

C. 循环体语句一次也不执行　　　　D. 循环体语句循环执行一次

(3) 语句"for(i=0;i<=15;i++)　print("%d",i);"循环结束后，i的值为（　　）。

A. 14　　　　　　B. 15　　　　　　C. 16　　　　　　D. 17

(4) 以下程序的运行结果是（　　）。

```
main()
{
    int i;
    for(i=4;i<=10;i++)
    {
        if(i%3==0) continue;
        print("%d",i);
    }
}
```

A. 45　　　　　　B. 457810　　　　C. 25　　　　　　D. 678910

(5) 以下选项中，正确的描述是（　　）。

A. 只能在循环体内和switch语句体内使用break语句

B. contiune语句的作用是结束整个循环的执行

C. 在循环体内使用break语句或continue语句的作用相同

D. 从多层循环嵌套中退出时，只能使用goto语句

(6) 下列选项中，没有构成死循环的程序段是（　　）。

A. int i=100;
　　while(1)
　　{   i = i%100+1;
　　　　if(i>100) break;
　　}

B. for(; ;);

C. int k=1000;
　　do{++k;}while(k>=10000);

D. int s=36;
　　while(s);
　　--s;

(7) 以下描述中正确的是（　　）。

A. 由于do-while循环中循环体语句只能是一条可执行语句，所以循环体内不能使用复合语句

B. do-while循环由do开始，用while结束，在while(表达式)后面不能写分号

C. 在do-while循环体中，一定要有能使while后面表达式的值变为零（"假"）的操作

D. do-while循环中，根据情况可以省略while

2. 程序设计题。

(1) 求解 $s=1!+3!+5!+\cdots+99!$ 的值，并输出结果。

（2）输入 10 名学生的成绩，计算平均成绩并输出。

（3）从键盘输入若干学生的成绩，用-1 结束输入，计算总成绩并输出。

（4）求 $S_n = a+aa+aaa+\cdots+n$ 个 a。其中，a 是一个数字，n 表示 a 的位数。例如，$S_5 =$ 2+22+222+2222+22222（此时 $a=2$，$n=5$），n 和 a 由键盘输入。

（5）解决百钱买百鸡问题：公鸡 5 元钱一只，母鸡 3 元钱一只，小鸡 1 元钱三只。现有 100 元钱要买 100 只鸡，问公鸡、母鸡和小鸡各几只？

（6）输入一行字符（以回车作为输入结束标志），统计其中大写字母、小写字母、数字、空格、其他字符的个数，按顺序将这些统计值显示在屏幕上。

（7）打印 1~1000 之间的所有水仙花数。水仙花数是指一个三位数，其各位数字的立方和等于该数本身。例如，$153 = 1^3+5^3+3^3$，因此 153 是一个水仙花数。

第6章 数组：学生信息管理系统的数组应用

【学习目标】

- 理解为什么要使用数组
- 理解C语言中的数组
- 熟练掌握一维数组的用法
- 掌握二维数组的用法
- 掌握字符和字符串数组的用法
- 掌握数组在学生信息管理系统中的应用

在学生信息管理系统项目设计中，为了便于处理学生各项信息，就把具有相同类型的若干变量按有序的形式组织。例如，存储全班同学的C语言成绩，就可以使用数组表示。这些按序排列的同类数据元素的集合称为数组。在C语言中，数组属于构造数据类型。一个数组可以分解为多个数组元素，这些数组元素可以是基本数据类型或是构造类型。因此，按数组元素的类型不同，数组又可分为数值数组、字符数组、指针数组、结构数组等类型。

本章首先介绍一维数组的定义、引用和初始化，以及在学生信息管理系统中的应用；其次，介绍二维数组的定义、引用和初始化，以及在学生信息管理系统中的应用；再次，介绍字符和字符串数组的定义、引用和初始化，以及在学生信息管理系统中的应用；最后将数组综合应用于学生信息管理系统。

6.1 一维数组的定义及引用：学生信息管理系统中的应用

6.1.1 数组的概述

C语言除了提供基本数据类型外，还提供了构造类型的方法，它们是数组类型、结构体类型、共用体类型等。构造数据类型由基本数据类型按照一定的规则组成，所以又称"导出类型"。下面简单介绍几个基本概念。

（1）数组：若干个具有相同数据类型的数据的有序集合。

（2）数组元素：数组中的元素。数组中的每一个数组元素都具有相同的数据类型、名称；不同的下标可以作为单个变量使用，所以又称为下标变量。在定义一个数组后，在内存中使用一片连续的空间依次存放数组的各个元素。

（3）数组的下标：数组元素位置的一个索引或指示。

（4）数组的维数：数组元素下标的个数。根据数组的维数，可以将数组分为一维数组、多维数组，字符数组等。

6.1.2 一维数组的定义

在 C 语言中使用数组，必须先进行定义。一维数组的定义方式如下：

```
类型说明符 数组名 [常量表达式];
```

其中，类型说明符是任一种基本数据类型或构造数据类型。数组名是用户定义的数组标识符。方括号中的常量表达式表示数据元素的个数，也称为数组的长度。

例如：

```
int a[10];              //说明整型数组 a 有 10 个元素
float b[10],c[20];      //说明实型数组 b 有 10 个元素,实型数组 c 有 20 个元素
char ch[20];            //说明字符数组 ch 有 20 个元素
```

对于数组类型说明应注意以下几点：

（1）数组的类型实际上是指数组元素的取值类型。对于同一个数组，其所有元素的数据类型都是相同的。

（2）数组名的书写规则应符合标识符的书写规定。

（3）数组名不能与其他变量名相同。

（4）方括号中的常量表达式表示数组元素的个数，如 a[5] 表示数组 a 有 5 个元素。由于其下标从 0 开始计算，因此 5 个元素分别为 a[0]，a[1]，a[2]，a[3]，a[4]。

（5）不能在方括号中用变量来表示元素的个数，但是可以是符号常量或常量表达式。

（6）允许在同一个类型说明中，说明多个数组和多个变量。

例如：

```
int a,b,c,d,z1[10],z2[20];
```

6.1.3 一维数组的引用

数组元素是组成数组的基本单元。数组元素也是一种变量，其标识方法为数组名后跟一个下标。下标表示了元素在数组中的顺序号。

数组元素的一般形式如下:

数组名[下标];

其中,下标只能为整型常量或整型表达式。当为小数时,C 编译将自动取整。
例如:

a[5];
a[i+j];
a[i++];

都是合法的数组元素。

数组元素通常也称为下标变量。必须先定义数组,才能使用下标变量。在 C 语言中只能逐个地使用下标变量,而不能一次引用整个数组。

【案例 6-1】 学生信息管理系统项目中一维数组的引用。

【案例描述】
使用数组保存用户输入的数据,当输入完毕后逆向输出数据。

【代码编写】

```c
#include <stdio.h>
int main()
{
    int a[5], b, c;                    /*定义数组及变量为基本整型*/
    printf("请输入 5 个数组元素:\n");
    for(b= 0; b< 5; b++)               /*逐个输入数组元素*/
    scanf("%d", &a[b]);
}
printf("数组中的元素为:\n");
for(b= 0; b< 5; b++)                   /*显示数组中的元素*/
{
    printf("%d ",a[b]);
}
printf("\n");
for(b= 0; b<2;b++)                     /*将数组中元素的前后位置互换*/
{
    c= a[b];                           /*元素位置互换的过程借助中间变量c*/
    a[b]=a[4- b];
    a[4- b]=c;
}
printf("现在数组的 5 个元素为:\n");
for(b=0; b< 5; b++)                    /*将转换后的数组再次输出*/
{
```

```
        printf("% d ", a[b]);
    }

    printf("\n");
    return 0;
}
```

【运行结果】

```
请输入5个数组元素：
 4 5 6 7
数组中的元素为：
 4 5 6 7
现在数组的5个元素为：
 6 5 4 1
--------
Process exited after 10.35 seconds with return value 0
请按任意键继续. . .
```

【案例分析】

在本实例中，程序定义变量 c 来实现数据间的转换，而 b 是用于控制循环的变量。语句 "int a[5]" 定义一个有 5 个元素的数组，程序中用到的 a[i] 就是对数组元素的引用。

6.1.4 一维数组的初始化

给数组赋值的方法除了用赋值语句对数组元素逐个赋值外，还可采用初始化赋值的方法。数组初始化赋值是指在数组定义时给数组元素赋予初值。数组初始化是在编译阶段进行的。这样可减少运行时间，提高效率。

初始化赋值的一般形式如下：

类型说明符 数组名[常量表达式]={值,值,…,值};

其中，在 { } 中的各数据值即各元素的初值，各值之间用逗号间隔。

例如，语句 "int a[10]={0,1,2,3,4,5,6,7,8,9};" 相当于 a[0]=0,a[1]=1,…,a[9]=9。

【案例 6-2】学生信息管理系统项目中一维数组的初始化。

【案例描述】

输入一个班级 10 个学生的某门课成绩，求这门课程在班级中的最高分、最低分和平均分。

【代码编写】

```
#include <stdio. h>
int main()
{
    int i;
```

```
        double max,min,sum,grade[10];
        printf("输入 10 个学生的成绩:\n");
        for(i=0;i<10;i++)
           scanf("%lf",&grade[i]);
        max=grade[0];
        min=grade[0];
        sum=0;
        for(i=1;i<10;i++)
        {
            if(grade[i]>max)max=grade[i];
            if(grade[i]<min)min=grade[i];
            sum=sum+grade[i];
        }
        printf("学生的总成绩是%lf\n 学生的最高分是%lf\学生的最低分是%lf\n",sum,max,min);
        return 0;
    }
```

【运行结果】

【案例分析】

本案例中用了两个并列的 for 语句。第一个 for 语句用于输入 20 个元素的初值,20 个元素的存储使用一维数组的方式,定义一个数组变量即可。将变量 max 和 min 变量都赋值为数组的第一个元素值,将变量 sum 赋值为 0。第二个 for 语句嵌套两个 if 语句,分别计算最高成绩、最低成绩和总成绩,最后输出变量值。

思考:

在为一维数组赋值时,能否给数组元素逐个赋值,能否给数组整体赋值?

6.2 二维数组的定义及引用:学生信息管理系统中的应用

6.2.1 二维数组的定义方式

前面介绍的数组只有一个下标,称为一维数组,其数组元素也称为单下标变量。在实际问题中,有很多量是二维的或多维的,因此 C 语言允许构造多维数组。多维数组元素有多个下标,以标识它在数组中的位置,所以也称为多下标变量。本节只介绍二维数组,多维数组可由二维数组类推而得到。

二维数组定义的一般形式如下：

```
类型说明符 数组名[常量表达式 1][常量表达式 2];
```

其中，常量表达式 1 表示第一维下标的长度，常量表达式 2 表示第二维下标的长度。

例如：

```
int a[3][4];
```

说明了一个三行四列的数组，数组名为 a，其下标变量的类型为 int 型。该数组的下标变量共有 3×4 个，即

```
a[0][0],a[0][1],a[0][2],a[0][3]
a[1][0],a[1][1],a[1][2],a[1][3]
a[2][0],a[2][1],a[2][2],a[2][3]
```

二维数组在概念上是二维的，即说明其下标在两个方向上变化，下标变量在数组中的位置也处于一个平面之中，而不是像一维数组只是一个向量。但是，实际的硬件存储器是连续编址的，也就是说存储器单元是按一维线性排列的。在一维存储器中存放二维数组的方式有两种：一种是按行排列，即放完一行之后顺次放入第二行；另一种是按列排列，即放完一列之后再顺次放入第二列。在 C 语言中，二维数组是按行排列的。即：先存放 a[0] 行，再存放 a[1] 行，最后存放 a[2] 行。每行有 4 个元素，也是依次存放。

由于已说明数组 a 为 int 型，该类型占 2 字节的内存空间，因此每个元素均占 2 字节。

6.2.2 二维数组元素的引用

二维数组的元素也称为双下标变量，其表示的形式如下：

```
数组名[下标][下标];
```

其中，下标应为整型常量或整型表达式。

例如：

```
a[3][4];
```

表示 a 数组三行四列的元素。

数组元素的下标变量和数组说明在形式上有些相似，但这两者具有完全不同的含义。数组说明的方括号中给出的是某一维的长度，即可取下标的最大值；而数组元素中的下标是该元素在数组中的位置标识。前者只能是常量，后者可以是常量、变量或表达式。

【案例6-3】学生信息管理系统项目中二维数组元素的引用。

【案例描述】
一个学习小组有5人，每人有三门课的考试成绩（表6-1），求各科的平均成绩。

表6-1 学生成绩分配表

course	zhang	wang	li	zhao	zhou
Math	80	61	59	85	76
C	75	65	63	87	77
Java	92	71	70	90	85

【代码编写】

```c
#include <stdio.h>
int main()
{
    int i,j,s=0,avg,v[3],a[3][5];
    printf("input score\n");
    for(i=0;i<3;i++)
    {
      for(j=0;j<5;j++)
        {
           scanf("%d",&a[i][j]);
           s=s+a[i][j];
        }
       v[i]=s/5;
       s=0;
    }
    printf("Math:%d\nC:%d\nJava:%d\n",v[0],v[1],v[2]);
        return 0;
}
```

【运行结果】

```
input score
80 61 59 85 76
75 65 63 87 77
92 71 70 90 85
Math:72
C:73
Java:81

Process exited after 23.33 seconds with return value 0
请按任意键继续. . .
```

【案例分析】
本案例程序中使用一维数组v，保存各科的平均成绩，因为是分科目存储学生的成绩，所以用二维数组 a 保存每门课程中学生的成绩。其中，通过 for 循环嵌套的方式求各科的平均成绩，通过外循环保存各科的平均成绩。

6.2.3 二维数组的初始化

二维数组初始化也是在类型说明时给各下标变量赋以初值。二维数组可按行分段赋值，也可按行连续赋值。

例如，对数组 a[5][3] 按行分段赋值可写为

```
int a[5][3]={ {80,75,92},{61,65,71},{59,63,70},{85,87,90},{76,77,85} };
```

按行连续赋值可写为

```
int a[5][3]={ 80,75,92,61,65,71,59,63,70,85,87,90,76,77,85};
```

这两种赋初值的结果是完全相同的。

对于二维数组初始化赋值还有以下说明：
（1）可以只对部分元素赋初值，未赋初值的元素自动取 0 值。
例如：

```
int a[3][3]={{1},{2},{3}};
```

是对每一行的第一列元素赋值，未赋值的元素取 0 值。赋值后各元素的值如下：

```
1 0 0
2 0 0
3 0 0
```

例如：

```
int a[3][3]={{0,1},{0,0,2},{3}};
```

赋值后的各元素的值为

```
0 1 0
0 0 2
3 0 0
```

（2）如果对全部元素赋初值，则第一维的长度可以不给出。
例如：

```
int a[3][3]={1,2,3,4,5,6,7,8,9};
```

可以写为

```
int a[][3]={1,2,3,4,5,6,7,8,9};
```

（3）数组是一种构造类型的数据。二维数组可以看作由一维数组的嵌套构成。假设一维数组的每个元素都又是一个数组，就组成了二维数组。当然，其前提是各元素类型必须相同。根据这样的分析，一个二维数组也可以分解为多个一维数组。C语言允许这种分解。

例如，二维数组a[3][4]可分解为3个一维数组，其数组名分别为a[0]、a[1]、a[2]。对这3个一维数组不需要另作说明即可使用。这3个一维数组都有4个元素。例如，一维数组a[0]的元素为a[0][0]、a[0][1]、a[0][2]、a[0][3]。必须强调的是，a[0]、a[1]、a[2]不能当作下标变量使用，它们是数组名，不是一个单纯的下标变量。

【案例6-4】 二维数组的初始化。

【案例描述】

输入6个数到2行3列的二维数组a中，然后将二维数组a中的数组元素转置（即行列互换），存储到3行2列的二维数组b中，输出二维数组b中的数组元素。

【代码编写】

```c
#include <stdio.h>
int main()
{
    int i, j, a[2][3], b[3][2];
    printf("Input 6 integers:\n");
    for (i = 0; i < 2; i++)
        for (j = 0; j < 3; j++)
            scanf("%d", &a[i][j]);
    for (i = 0; i < 3; i++)
        for(j = 0; j < 2; j++)
            b[i][j] = a[j][i];
    for (i = 0; i <3; i++) {
        for (j = 0; j < 2; j++)
            printf("%5d", b[i][j]);
        printf("\n");
    }
    return 0;
}
```

【运行结果】

```
Input 6 integers:
4 5 6 1 2 3
    4    1
    5    2
    6    3
--------------------------------
Process exited after 15.69 seconds with return value 0
请按任意键继续. . .
```

【案例分析】

代码中定义了整型变量和整型数组。用户输入6个元素值。按要求用户输入数组的元素，并将数组的元素按照二维数组的形式输出显示。将二维数组 a 中的数组元素转置，即行列互换，存储到 3 行 2 列的二维数组 b 中，输出二维数组 b 中的数组元素，程序结束。

思考：

打印 N 行 N 列的杨辉三角形，如何使用二维数组实现？

6.3 字符和字符串数组的定义及引用：学生信息管理系统中的应用

6.3.1 字符数组的定义

通过前面的学习可以知道，字符分为字符常量和字符变量。我们还知道 C 语言有字符串常量，那么有没有字符串变量呢？C 语言中没有字符串变量类型，字符串变量是借助字符数组来实现的。

存放字符数据的数组称为字符数组，在这种数组中每一个元素存放一个字符。定义格式如下：

```
char 数组名[常量表达式];
```

例如：

```
char c[10];
```

由于字符型和整型通用，因此也可以定义为"int c[10]"，但这时每个数组元素占 2 字节的内存单元。

字符数组也可以是二维或多维数组。

例如：

```
char c[5][10];
```

即定义二维字符数组。

6.3.2 字符数组的初始化

字符数组也允许在定义时作初始化赋值。

例如：

```
char c[10]={'c',' ','p','r','o','g','r','a','m' };
```

赋值后各元素的值为：c[0]的值为'c'，c[1]的值为' '，c[2]的值为'p'，c[3]的值为'r'，c[4]的值为'o'，c[5]的值为'g'，c[6]的值为'r'，c[7]的值为'a'，c[8]的值为'm'。其中，c[9]未赋值，由系统自动赋值为'\0'。

当对全体元素赋初值时，也可以省去长度说明。

例如：

```
char c[]={'c',' ','p','r','o','g','r','a','m'};
```

这时，c数组的长度自动定为9。

6.3.3 字符数组的引用

上面定义的字符数组都是一维数组，因此它们都具有一维数组的属性。引用一个数组元素，将得到一个字符。字符数组的引用可以像一维数组一样，采用循环实现对字符数组元素的操作。

【案例6-5】 学生信息管理系统项目中字符数组的引用。

【案例描述】

用字符数组存储"python"课程的课程名。

【代码编写】

```c
#include <stdio.h>
int main()
{
    int i;
    char ch[6]={'p','y','t','h','o','n'};
        for(i=0;i<=5;i++)
            printf("%c",ch[i]);
            printf("\n");
            return 0;
}
```

【运行结果】

```
python

Process exited after 0.0366 seconds with return value 0
请按任意键继续. . .
```

【案例分析】

本程序使用字符数组存储6个字符元素，并使用%c依次输出所有元素的值。

6.3.4 字符串和字符串结束标志

在 C 语言中没有专门的字符串变量，通常用一个字符数组来存放一个字符串。前面介绍字符串常量时，已说明字符串总是以'\0'作为串的结束符。因此当把一个字符串存入一个数组时，也把结束符'\0'存入数组，并以此作为该字符串是否结束的标志。有了'\0'标志后，就不必再用字符数组的长度来判断字符串的长度了。

C 语言允许用字符串的方式对数组作初始化赋值。

例如：

> char c[]={'C', ' ','p','r','o','g','r','a','m' };

可写为

> char c[]={"C program"};

或去掉 {} 写为

> char c[]="C program";

用字符串方式赋值比用字符逐个赋值要多占 1 字节，用于存放字符串结束标志' \0'。示例的数组 c 在内存中的实际存放情况如下：

C		p	r	o	g	r	a	m	\0

其中，'\0'是由 C 编译系统自动加上的。由于采用了'\0'标志，因此在用字符串赋初值时一般无须指定数组的长度，而由系统自行处理。

6.3.5 字符数组的输入/输出

在采用字符串方式后，字符数组的输入/输出将变得简单方便。

除了上述用字符串赋初值的方法外，还可用 printf( ) 函数和 scanf( ) 函数一次性输入/输出一个字符数组中的字符串，而不必使用循环语句逐个地输入/输出每个字符。

【案例 6-6】学生信息管理系统项目中字符数组的输入/输出。

【案例描述】
用字符数组的方式存储课程名。
【代码编写】

```
#include <stdio.h>
int main()
{
    char c[15];
    scanf("% s",c);
```

```
        printf("%s\n",c);
        return 0;
}
```

【运行结果】

【案例分析】

本案例中由于定义数组长度为 15，因此输入的字符串长度必须小于 15，以留出 1 字节用于存放字符串结束标志'\0'。应该说明的是，对一个字符数组，如果不作初始化赋值，则必须说明数组长度。还应该特别注意的是，当用 scanf( )函数输入字符串时，字符串中不能含有空格，否则将以空格作为串的结束符。

6.3.6 字符串处理函数

C 语言提供了丰富的字符串处理函数，大致可分为字符串的输入、输出、合并、修改、比较、转换、复制、搜索。使用这些函数可大大减轻编程的负担。使用输入输出的字符串函数前，应包含头文件"stdio.h"，使用其他字符串函数则应包含头文件 "string.h"。

下面介绍几个最常用的字符串函数。

1) 字符串输出函数 puts( )

格式：

```
puts(字符数组名)
```

功能：把字符数组中的字符串输出到显示器，即在屏幕上显示该字符串。

例如：

```
#include <stdio.h>
int main()
{
    char c[]="Math";
    puts(c);
    return 0;
}
```

【运行结果】

该例子定义字符数组 c，程序输出结果为 Math。从程序可以看出，puts( )函数完全可以由 printf( )函数取代。当需要按一定格式输出时，通常使用 printf( )函数。

2）字符串输入函数 gets( )

格式：

gets(字符数组名)

功能：从标准输入设备输入一个字符串。

本函数得到一个函数值，即该字符数组的首地址。

例如：

```
#include <stdio.h>
int main()
{
    char st[15];
    printf("input a string:\n");
    gets(st);
    puts(st);
    return 0;
}
```

【运行结果】

```
input a string:
chinese
chinese

Process exited after 9.186 seconds with return value 0
请按任意键继续. . .
```

该例子定义的字符数组 st 的长度为 15，通过 gets( )函数接收输入的提示字符串。从程序可以看出，当输入的字符串中含有空格时，输出仍为全部字符串。由此说明 gets( )函数并不以空格作为字符串输入结束的标志，而只以回车符作为输入结束。这与 scanf( )函数有所不同。

3）字符串连接函数 strcat( )

格式：

strcat (字符数组 1,字符数组 2)

功能：把字符数组 2 中的字符串连接到字符数组 1 中字符串的后面，并删去字符串 1 后的串标志 '\0'。本函数返回值是字符数组 1 的首地址。

例如：

```
#include <stdio.h>
#include <string.h>
int main()
{
```

```
static char st1[30]="My name is ";
int st2[10];
printf("input your name:\n");
gets(st2);
strcat(st1,st2);
puts(st1);
return 0;
}
```

【运行结果】

```
input your name:
张三
My name is 张三
------------------------------------
Process exited after 13.26 seconds with return value 0
请按任意键继续. . .
```

该例子定义字符数组 st1 和整型数组 st2,该程序将初始化赋值的字符数组与动态赋值的字符串进行连接。要注意的是,应将字符数组 1 的长度定义足够,否则不能将被连接的字符串全部装入。

4) 字符串复制函数 strcpy( )

格式:

strcpy (字符数组 1,字符数组 2)

功能:把字符数组 2 中的字符串复制到字符数组 1 中,串结束标志 '\0' 也一同被复制。字符数组 2 也可以是一个字符串常量。这时相当于把一个字符串赋予一个字符数组。

例如:

```
#include <stdio.h>
#include <string.h>
int main()
{
    char st1[15],st2[]="C Language";
    strcpy(st1,st2);
    puts(st1);
    return 0;
}
```

【运行结果】

```
C Language
------------------------------------
Process exited after 0.07507 seconds with return value 0
请按任意键继续. . .
```

该例子定义字符数组 st1 和 st2,将 st2 中的内容复制到 st1 中。

5) 字符串比较函数 strcmp( )

格式：

strcmp(字符数组 1,字符数组 2)

功能：函数用于比较两个字符串并根据比较结果返回整数。将两个字符串自左向右逐个字符相比（按 ASCII 值大小相比较），直到出现不同的字符或遇 '\0' 为止。

①若字符串 1=字符串 2，则返回值=0。

②若字符串 1>字符串 2，则返回值>0。

③若字符串 1<字符串 2，则返回值<0。

C 语言标准并没有具体规定 strcmp( ) 函数的返回值是多少，大多数编译器选择了以下两种方案：返回两个字符串的差值，即找到两个字符串中首个不相等的字符，然后返回这两个字符的差值；返回 -1、0 或者 1。本函数可用于比较两个字符串常量或比较数组和字符串常量，不能比较数字等其他形式的参数。

例如：

```
#include <stdio.h>
#include <string.h>
int main()
{
    int k;
    static char st1[15],st2[]="C Language";
    printf("input a string:\n");
    gets(st1);
    k=strcmp(st1,st2);
    if(k==0)printf("st1=st2 \nk=%d\n",k);
    if(k>0)printf("st1>st2 \nk=%d\n",k);
    if(k<0)printf("st1<st2 \nk=%d\n",k);
    return 0;
}
```

【运行结果】

```
input a string:
C Language
st1=st2
k=0
--------------------------------
Process exited after 5.242 seconds with return value 0
请按任意键继续. . .
```

```
input a string:
English
st1>st2
k=1
--------------------------------
Process exited after 4.634 seconds with return value 0
请按任意键继续. . .
```

该例子将输入的字符串和数组 st2 中的字符串进行比较，再将比较结果返回给 k，然后根据 k 值输出结果提示串。

6）测字符串长度函数 strlen( )

格式：

strlen(字符数组)

功能：测字符串的实际长度（不含字符串结束标志'\0'），并作为函数返回值。

例如：

```
#include <stdio.h>
#include <string.h>
int main()
{   int k;
    static char st[]="C language";
    k=strlen(st);
    printf("The lenth of the string is %d\n",k);
    return 0;
}
```

【运行结果】

该例子通过 strlen( ) 函数计算数组 st 中存放的字符串实际长度，并赋值给变量 k。

6.4 数组在学生信息管理系统中的综合应用

【案例描述】

编写并调试程序，使用数组实现学校各专业班级学生信息的管理。

【代码编写】

```
#include <stdio. h>
#include <stdlib. h>                    //exit()函数头文件
#include <string. h>                    //字符串相关操作头文件
#define MAX_STUDENT 30                  //最大学生数
```

```c
//全局数组变量,用于存储学生信息
char names[MAX_STUDENT][50];
int math[MAX_STUDENT];
int english[MAX_STUDENT];
int computer[MAX_STUDENT];
int sum[MAX_STUDENT];
int num[MAX_STUDENT];
//循环全局变量
int i, j;
//main()主函数
int main(void)
{
    int choice,n;
    while(1)
    {
        printf("************************************\n");
        printf("欢迎使用学生成绩管理系统\n");
        printf("[1]输入所有学生信息\n");
        printf("[2]输出所有学生成绩\n");
        printf("[0]退出程序\n");
        printf("请输入您的选择(0 - 2):");
        scanf("%d",&choice);
        printf("************************************)\n");
        switch (choice)
        {
        case 1:                                    //录入;
            printf("请输入录入的学生信息数：");
            scanf("%d",&n);
            for(i = 0; i<n; ++i)
            {
                printf("\n 请输入第%d 个学生的信息:\n", i + 1);
                printf("\n 学号:");
                scanf("%d", &num[i]);
                printf("\n 姓名:");
                scanf("%s", names[i]);
                printf("\n 数学成绩:");
                scanf("%d", &math[i]);
                printf("\n 英语成绩:");
                scanf("%d", &english[i]);
                printf("\n 计算机成绩:");
                scanf("%d", &computer[i]);
                //计算总成绩
                sum[i] = math[i] + english[i] + computer[i];
            }
```

```
                break;
            case 2:                                      //输出;
                printf("\n 学号\t 姓名\t 数学成绩\t 英语成绩\t 计算机成绩\t 总成绩\n");
                printf("-------------------------------------------------------- \n");
                for(i = 0; i<n; ++i)
                {
                    printf("%d\t%s\t%d\t\t%d\t\t%d\t\t%d\n", num[i], names[i], math[i], english[i], computer[i], sum[i]);
                }
                printf("-------------------------------------------------------- \n");
                break;
            case 0:                                      //退出程序
                printf("退出程序\n");
                printf("程序结束,谢谢使用！\n");
                exit(0);
            default:
                printf("您输入的菜单有误。请重新输入！\n");
        }
    }
    return 0;
}
```

【运行结果】

【案例分析】

本案例中使用数组完成学生成绩管理的简单操作。案例中定义了6个数组，用于存储学生信息，包括学生的姓名、学号、数学成绩、英语成绩、计算机成绩、总分。在main( )主函数中通过while循环构造出项目的菜单，通过用户键盘录入来完成菜单选择，通过switch语句完成对应功能的执行。

第一项功能是输入所有学生的信息，通过一维数组的遍历操作完成学生基本信息的录入，所有信息均保存在对应的数组中。第二项功能是打印所有学生的基本信息，通过一维数组遍历操作，依次输出6个数组中的所有信息。第三项功能是退出程序，通过调用exit( )函数完成信息退出。

6.5 小结

数组是程序设计中最常用的数据结构。数组可分为数值数组（整数组，实数组）、字符数组以及后续章节将介绍的指针数组、结构数组等。

数组可以是一维的、二维的或多维的。

数组类型说明由类型说明符、数组名、数组长度（数组元素个数）三部分组成。数组元素又称为下标变量。数组的类型是指下标变量取值的类型。

对数组的赋值可以用数组初始化赋值、输入函数动态赋值和赋值语句赋值三种方法实现。对数值数组不能用赋值语句整体赋值、输入或输出，而必须用循环语句逐个对数组元素进行操作。

6.6 习题

1. 选择题。

(1) 若有定义"int a[10]"，则数组 a 的最大下标为（　　）。
   A. 10　　　　　　　B. 9　　　　　　　C. 11　　　　　　　D. 12

(2) 以下能正确定义一维数组的选项是（　　）。
   A. int a[5]={0,1,2,3,4,5};　　　　　B. char a[ ]={0,1,2,3,4,5};
   C. char a={'A','B',C}　　　　　　　D. int a[5]="0123";

(3) 字符串的结束标志是（　　）。
   A. \n　　　　　　　B. \t　　　　　　　C. \0　　　　　　　D. \s

(4) 输出一个字符的格式符为（　　）。
   A. %d　　　　　　　B. %s　　　　　　　C. %c　　　　　　　D. %f

2. 程序设计题。

(1) 输入 10 个整型数据到一个数组，然后逆序输出该数组。

(2) 利用冒泡排序法对 10 个从键盘输入的实型数据进行排序。

(3) 输入一个 4 行 4 列的行列式，显示这个二维数组组成的矩阵。

(4) 处理一个班的计算机成绩，要求采用一维数组来存储学生的成绩，计算平均成绩，打印每个学生的成绩和平均成绩。

(5) 实现 5 名学生姓名的输入/输出。要求：用二维字符数组存储姓名，将输入姓名和输出姓名分别写在不同的函数中，主函数调用输入/输出姓名函数。

(6) 定义一个含有 30 个元素的整型数组，设计一个函数用于赋给该数组能被 3 整除的数，再设计一个函数，实现该数组按每 5 个元素计算平均值，并将平均值保存在一个新的数组中。

第 7 章 指针：学生信息管理系统的指针应用

【学习目标】

- 掌握指针的相关概念
- 掌握指针与数组之间的关系
- 掌握指向指针的指针
- 掌握指针在学生信息管理系统的应用

指针是 C 语言中广泛使用的一种数据类型。运用指针编程是 C 语言最主要的风格之一。在学生信息管理系统项目设计中，利用指针变量可以表示各种数据结构，能很方便地使用数组和字符串，并能像汇编语言一样处理内存地址，从而编出精练而高效的程序。指针极大地丰富了 C 语言的功能。学习指针是学习 C 语言中的重要一环，能否正确理解和使用指针是我们是否掌握 C 语言的一个标志。同时，指针也是 C 语言中最为困难的一部分，在学习中除了要正确理解基本概念，还必须要多练习编程，以及上机调试。只要做到这些，指针也是不难掌握的。

本章首先介绍指针的概念、指针变量的定义和引用；其次，介绍一维指针与数组的定义及应用、二维指针与数组的定义及应用；再次，介绍指向指针的指针定义及应用；最后，将指针综合应用于学生信息管理系统。

7.1 指针变量：学生信息管理系统中的应用

7.1.1 指针的基本概念

在计算机中，所有的数据都存放在存储器中。一般把存储器中的 1 字节称为一个内存单元，不同的数据类型所占用的内存单元数不等，如整型量占 2 个单元、字符量占 1 个单元等。为了正确地访问这些内存单元，必须为每个内存单元编号。根据一个内存单元的编号，即可准确地找到该内存单元。内存单元的编号也叫作地址。既然根据内存单元的编号或地址就可以找到所需的内存单元，因此通常也把这个地址称为指针。内存单元的指针和内存单元的内容是两个不同的概念。可以用一个通俗的例子来说明它们之间的关系。我们每个人都有一个编号唯一的身份证账户，身份证存储了我们每个人的身份信息，身份证号码就是账户的指针，身份信息是账户的内容。对于一个内存单元来说，单元的地址即指针，其中存放的数据才是该单元的内容。在 C 语言中，允许用一个变量来存放指针，这种变量称为指针变量。因此，一个指针变量的值就是某个内存单元的地址，或称为某内存单元的指针。指针变量演示如图 7-1 所示。

图 7-1 中，设有字符变量 c，其内容为"K"（ASCII 码为十进制数 75），c 占用了 011A 号单元（地址用十六进数表示）。设有指针变量 p，内容为 011A，这种情况我们称为 p 指向变量 c，或者说 p 是指向变量 c 的指针。严格地说，一个指针是一个地址，是一个常量。一个指针变量却可以被赋予不同的指针值，是变量。但常把指针变量简称指针。为了避免混淆，本书约定："指针"是指地址，是常量；"指针变量"是指取值为地址的变量。定义指针的目的是通过指针访问内存单元。

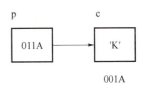

图 7-1 指针变量演示

既然指针变量的值是一个地址，那么这个地址不仅可以是变量的地址，也可以是其他数据结构的地址。在一个指针变量中存放一个数组或一个函数的首地址有何意义呢？这是因为，数组或函数都是连续存放的。通过访问指针变量取得了数组或函数的首地址，也就找到了该数组或函数。由此，凡是出现数组、函数的位置都可以用一个指针变量来表示，只要该指针变量中赋予数组或函数的首地址即可。这样将使程序的概念十分清楚，程序本身也更精练、高效。在 C 语言中，一种数据类型或数据结构往往都占用一组连续的内存单元。用"地址"这个概念并不能很好地描述一种数据类型或数据结构，而"指针"虽然实际上也是一个地址，但它是一个数据结构的首地址，它是"指向"一个数据结构的，因而概念更为清楚，表示更为明确。这也是引入"指针"概念的一个重要原因。

7.1.2 指针变量的定义

变量的指针就是变量的地址。存放变量地址的变量是指针变量。也就是说，在 C 语言中，允许用一个变量来存放指针，这种变量称为指针变量。因此，一个指针变量的值就是某个变量的地址，或称为某变量的指针。

为了表示指针变量和它所指向的变量之间的关系，在程序中用"*"符号表示"指向"，如图 7-2 所示，i_pointer 代表指针变量，而 *i_pointer 是 i_pointer 所指向的变量。

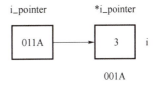

图 7-2 指针变量的定义

因此，下面两个语句作用相同：

```
i=3;
*i_pointer=3;
```

第二个语句的含义是将"3"赋给指针变量 i_pointer 所指向的变量。

对指针变量的定义包括以下 3 方面内容：

（1）指针类型说明，即定义变量为一个指针变量。

（2）指针变量名。

（3）变量值（指针）所指向的变量的数据类型。

其一般形式如下：

```
类型说明符 *变量名;
```

其中，*表示这是一个指针变量；变量名即定义的指针变量名；类型说明符表示本指针变量所指向的变量的数据类型。例如：

```
int *p1;
```

表示 p1 是一个指针变量，它的值是某个整型变量的地址。或者说，p1 指向一个整型变量。至于 p1 究竟指向哪一个整型变量，应由向 p1 赋予的地址来决定。

再如：

```
int   *p2;          /*p2 是指向整型变量的指针变量*/
float *p3;          /*p3 是指向浮点型变量的指针变量*/
char  *p4;          /*p4 是指向字符型变量的指针变量*/
```

应该注意的是，一个指针变量只能指向同类型的变量。例如，上例中的 p3 只能指向浮点型变量，不能时而指向一个浮点型变量，时而指向一个字符型变量。

7.1.3 指针变量引用

与普通变量一样，指针变量在使用之前不仅要定义说明，还必须赋予具体的值。未经赋值的指针变量不能使用，否则将造成系统混乱，甚至死机。指针变量的赋值只能赋予地址，而不能赋予任何其他数据，否则将引起错误。在 C 语言中，变量的地址是由编译系统分配的，对用户完全透明，用户不知道变量的具体地址。

两个有关的运算符：

（1）&：取地址运算符。

（2）*：指针运算符（或称"间接访问"运算符）。

C 语言中提供了地址运算符 & 来表示变量的地址。其一般形式如下：

```
&变量名;
```

例如，&a 表示变量 a 的地址，&b 表示变量 b 的地址。

变量本身必须预先说明。设有指向整型变量的指针变量 p，如要把整型变量 a 的地址赋予 p，可以有以下两种方式：

第7章 指针：学生信息管理系统的指针应用

(1) 指针变量初始化的方法。

```
int a;
int *p=&a;
```

(2) 赋值语句的方法。

```
int a;
int *p;
p=&a;
```

由于不允许把一个数赋予指针变量，故下面的赋值是错误的：

```
int *p;
p=1000;
```

此外，被赋值的指针变量前不能再加"*"说明符，因此写为*p=&a 也是错误的。
假设：

```
int i=200, x;
int *ip;
```

我们定义了两个整型变量 i、x，还定义了一个指向整型数的指针变量 ip。i、x 中可存放整数，而 ip 中只能存放整型变量的地址。我们可以把 i 的地址赋给 ip：

```
ip=&i;
```

此时指针变量 ip 指向整型变量 i。假设变量 i 的地址为 1800，这个赋值可形象理解为图 7-3 所示的联系。

以后我们便可以通过指针变量 ip 间接访问变量 i。例如：

```
x=*ip;
```

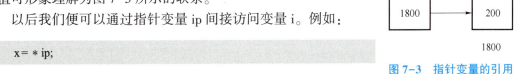

图 7-3 指针变量的引用

运算符 * 访问以 ip 为地址的存储区域，而 ip 中存放的是变量 i 的地址。因此，*ip 访问的是地址为 1800 的存储区域（因为是整数，实际上是从 1800 开始的 2 字节），它就是 i 所占用的存储区域。所以上面的赋值表达式等价于：

```
x=i;
```

另外，与一般变量一样，存放在指针变量中的值是可以改变的，也就是说可以改变它们的指向。假设：

```
int i,j,*p1,*p2;
    i='a';
```

```
j='b';
p1=&i;
p2=&j;
```

则建立图 7-4 所示的联系。这时赋值表达式 "p2=p1;" 就使 p2 与 p1 指向同一对象 i。此时，*p2 就等价于 i，而不是 j，如图 7-5 所示。

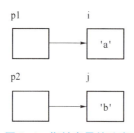
图 7-4　指针变量的改变

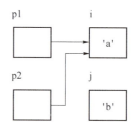
图 7-5　指针变量指向同一对象

如果执行表达式 "*p2=*p1;"，则表示把 p1 指向的内容赋给 p2 所指的区域，如图 7-6 所示。

通过指针访问它所指向的一个变量是以间接访问的形式进行的，所以比直接访问一个变量要更费时间，而且不直观。这是因为，通过指针要访问哪一个变量，取决于指针的值（即指向）。例如 "*p2=*p1;" 实际上就是 "j=i;"，前者不仅速度慢而且目的不明。但由于指针是变量，因此我们可以通过改变它们的指向来间接访问不同的变量。这给程序员带来灵活性，也使程序代码编写得更为简洁和有效。

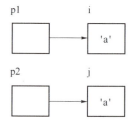
图 7-6　改变指针变量的值

指针变量可出现在表达式中。例如，假设：

```
int x,y,*px=&x;
```

即指针变量 px 指向整型变量 x，则 *px 可出现在 x 能出现的任何地方。例如：

```
y=*px+5;          /*表示把 x 的内容加 5 并赋给 y*/
y=++*px;          /*px 的内容加上 1 之后赋给 y,++*px 相当于++(*px)*/
y=*px++;          /*相当于 y=*px; px++*/
```

【案例 7-1】 指针变量引用。

【案例描述】
指针变量的引用。
【代码编写】

```
#include<stdio.h>
int main()
```

```
{   int a,b;
    int *pointer_1, *pointer_2;
    a=100;b=10;
    pointer_1=&a;
    pointer_2=&b;
    printf("%d,%d\n",a,b);
    printf("%d,%d\n",*pointer_1,*pointer_2);
    return 0;
}
```

【运行结果】

```
100,10
100,10
Process exited after 0.03891 seconds with return value 0
请按任意键继续.
```

【案例分析】

（1）在开头处虽然定义了两个指针变量 pointer_1 和 pointer_2，但它们并未指向任何一个整型变量。只是提供两个指针变量，规定它们可以指向整型变量。程序第 5、6 行的作用就是使 pointer_1 指向 a，使 pointer_2 指向 b，如图 7-7 所示。

（2）最后一行的 *pointer_1 和 *pointer_2 就是变量 a 和 b。最后两个 printf() 函数作用是相同的。

（3）程序中有两处出现 *pointer_1 和 *pointer_2，请区分它们的不同含义。

图 7-7 指针变量引用

（4）程序第 5、6 行的"pointer_1=&a"和"pointer_2=&b"不能写成"*pointer_1=&a"和"*pointer_2=&b"。

思考：

请对下面关于"&"和"*"的问题进行考虑：

（1）如果已经执行了语句"pointer_1=&a;"，则 &*pointer_1 的含义是什么？

（2）*&a 的含义是什么？

（3）(pointer_1)++和 pointer_1++的区别是什么？

【案例 7-2】指针变量引用。

【案例描述】

输入 a 和 b 两个整数，按先大后小的顺序输出 a 和 b。

【代码编写】

```
#include<stdio.h>
int main()
{   int *p1,*p2,*p,a,b;
```

```
    scanf("% d,% d",&a,&b);
    p1=&a;p2=&b;
    if(a<b)
      {
        p=p1;p1=p2;p2=p;
      }
    printf("\na=% d,b=% d\n",a,b);
    printf("max=% d,min=% d\n", * p1, * p2);
    return 0;
}
```

【运行结果】

【案例分析】

本案例从键盘上录入两个整数值，p1 和 p2 指针分别存储 a、b 的地址。其中，p 指针是中间量，将 p1 和 p2 的地址交换，并进行比较，输出最大值和最小值。

7.2 指针与数组：学生信息管理系统中的应用

系统需要提供一定数量连续的内存来存储数组中的各元素，内存都有地址，指针变量就是存放地址的变量。如果把数组的地址赋给指针变量，就可以通过指针变量来引用数组。下面就介绍如何用指针来引用一维数组及二维数组元素。

7.2.1 一维数组与指针

当定义一个一维数组时，系统会在内存中为该数组分配一个存储空间，其数组的名字就是数组在内存的首地址。若再定义一个指针变量，并将数组的首地址传给指针变量，则该指针就指向了这个一维数组。

例如：

```
int * p,a[10];
pa;
```

其中，a 是数组名，也就是数组的首地址；将它赋给指针变量 p，也就是将数组 a 的首地址赋给 p。也可以写成如下形式：

```
int *p,a[10];
p=&a[0];
```

该语句是将数组 a 中的首个元素的地址赋给指针变量 p。由于 a[0] 的地址就是数组的首地址，所以两条赋值操作效果完全相同。

【案例 7-3】一维数组与指针的应用。

【案例描述】
输出数组中的元素。

【代码编写】

```
#include<stdio.h>
int main()
{
    int *p,*q,a[5],b[5],i;
    p=&a[0]; q=b;
    printf("请输入数组 a 中的元素:\n");
    for(i=0;i<5;i++)
    scanf("%d",&a[i]);
    printf("请输入数组 b 中的元素:n");
    for(i=0;i<5;i++)
    scanf("%d",&b[i]);
    printf("数组 a 中的元素为:\n");
    for(i=0;i<5;i++)
    printf("%5d",*(p+i)); printf("\n");
    printf("数组 b 中的元素为:\n");
    for(i=0;i<5;i++)
    printf("%5d",*(q+i)); printf("\n");
    return 0;
}
```

【运行结果】

【案例分析】
本案例中有如下两条语句：

```
    p=&a[0];
    q=b;
```

这两种表示方法都是将数组首地址赋给指针变量。

那么如何通过指针的方式来引用一维数组中的元素呢？假设有以下语句：

```
    int  * p,a[5];
    p=&a;
```

（1）p+n 与 a+n 表示数组元素 a[n] 的地址，即 &a[n]。对整个 a 数组来说，共有 5 个元素，n 的取值为 0~4，则数组元素的地址就可以表示为 p+0~p+4 或 a+0~a+4。

（2）如何表示数组中的元素？这用到了前面介绍的数组元素的地址表示，用 *(p+n) 和 *(a+n) 来表示数组中的各元素。

7.2.2 二维数组与指针

定义一个 3 行 5 列的二维数组，其在内存中的存储形式如图 7-8 所示。

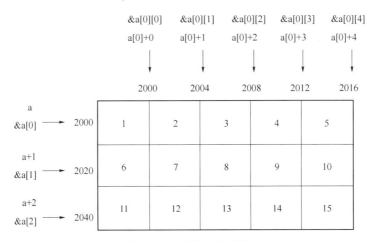

图 7-8 二维数组与指针

从图 7-8 中可以看到几种表示二维数组中元素地址的方法，下面逐一进行介绍。

（1）&a[0][0] 既可看作数组 0 行 0 列的首地址，也可看作二维数组的首地址。&a[m][n] 就是第 m 行、第 n 列元素的地址。

（2）a[0]+n，表示第 0 行第 n 个元素的地址。

（3）&a[0] 是第 0 行的首地址，当然 &a[n] 就是第 n 行的首地址。

（4）a+n 表示第 n 行的首地址。

【案例 7-4】学生信息管理系统项目中二维数组与指针。

【案例描述】
利用指针对不同班级学生的 C 语言成绩进行输入输出。

第7章 指针：学生信息管理系统的指针应用

【代码编写】

```c
#include<stdio.h>
int main()
{
    int a[3][5],i,j;
    printf("请输入 3 个班级 15 名学生的 C 语言成绩:\n");    /*利用二维数组*/
    for(i=0;i<3;i++)                                      /*控制二维数组的行数*/
    {
        for(j=0;j<5;j++)                                  /*控制二维数组的列数*/
        {
            scanf("% d",a[i]+j);                          /*给二维数组元素赋初值*/
        }
    }
    printf("数组中的排列为:\n");
    for(i=0;i<3;i++)
    {
        for(j=0;j<5;j++){
        {
            printf("% 5d", *(a[i]+j));                    /*输出数组中的元素*/
        }
        printf("\n");
    }
    return 0;
}
```

【运行结果】

【案例分析】

本案例中利用二维数组 a 存储 3 个班级（每个班级有 5 名学生）共 15 名学生的成绩。利用循环，从键盘依次录入 15 名学生的 C 语言成绩，其中 a[i]+j 表示第 i 行第 j 个元素的地址；依次输出二维数组中的所有元素，其中 *(a[i]+j) 表示第 i 行第 j 列元素。

案例 7-2 还可以改写成下面这种形式：

```c
#include<stdio.h>
int main()
{
    int a[3][5],i,j, * p;
    p=a[0];
    printf("请输入 3 个班级 15 名学生的 C 语言成绩:\n");    /*利用二维数组*/
```

```c
        for(i=0;i<3;i++)                    /*控制二维数组的行数*/
        {
        for(j=0;j<5;j++)                    /*控制二维数组的列数*/
          {
              scanf("%d",p++);              /*给二维数组元素赋初值*/
          }
        }
        p=a[0];
        printf("数组中的排列为:\n");
        for(i=0;i<3;i++)
        {
           for(j=0;j<5;j++)
              {
                  printf("%5d",*p++);       /*输出数组中元素*/
              }
           printf("\n");
        }
        return 0;
    }
```

> **思考:**
>
> 利用指针引用二维数组, *(a+i) 与 a[i] 是否等价?

7.2.3 字符串数组与指针

访问一个字符串可以通过两种方式:一种方式就是前面已介绍的使用字符数组来存放一个字符串,从而实现对字符串的操作;另一种方式就是接下来将要介绍的使用字符指针指向一个字符串,此时可不定义数组。

【案例7-5】 学生信息管理系统项目中字符串数组与指针的应用。

【案例描述】

字符型指针的应用。

【代码编写】

```c
#include<stdio.h>
int main()
{
    char *string="\n 张三 \n 软件工程技术专业 \n";
    printf("%s\n",string);              /*输出字符串*/
    return 0;
}
```

【运行结果】

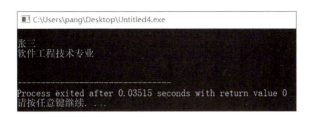

【案例分析】

案例 7-3 中定义了字符型指针变量 string，用字符串常量 "\n 张三 \n 软件工程技术专业 \n" 为其赋初值。注意：这里并不是把 "\n 张三 \n 软件工程技术专业 \n" 这些字符存放到 string 中，只是把这个字符串中第一个字符的地址赋给指针变量 string。

因此，如下语句：

```
char * string="\n 张三 \n 软件工程技术专业 \n";
```

等价于：

```
char * string;
string="\n 张三 \n 软件工程技术专业 \n";
```

【案例 7-6】字符串数组与指针的应用。

【案例描述】

声明两个字符数组，将数组 str1 中的字符串复制到数组 str2 中。

【代码编写】

```
#include<stdio.h>
int main()
{
    char str1[]="合抱之木,生于毫末。",str2[30],* p1,* p2;
    p1=str1;
    p2=str2;
    while( * p1!='\0' )
      { * p2= * p1;
        p1++;                      /*指针移动*/
        p2++;
      }
    * p2='\0';                     /*在字符串的末尾加结束符*/
    printf("现在第二个字符串的内容为:\n");
    puts(str1);                    /*输出字符串*/
    return 0;
}
```

【运行结果】

【案例分析】

本案例中 p1 指针和 p2 指针分别指向 str1 和 str2 两个变量，将 p1 指针指向的值传给现在的 p2 指针指向的值，p1、p2 指针依次移动一位。

7.3 指向指针的指针：学生信息管理系统中的应用

一个指针变量可以指向整型变量、实型变量、字符型变量，也可以指向指针类型变量。当指针变量用于指向指针类型变量时，则称之为指向指针的指针变量，这种双重指针如图 7-9 所示。

整型变量 i 的地址是 &i，其值传递给指针变量 p1，则 p1 指向 i；同时，将 p1 的地址 &p1 传递给 p2，则 p2 指向 p1。这里的 p2 就是指向指针变量的指针变量，即指针的指针。指向指针的指针变量定义如下：

```
类型标识符  **指针变量名;
```

例如：

```
int **p;
```

其含义为定义一个指针变量 p，它指向另一个指针变量，该指针变量又指向一个基本整型变量。由于指针运算符"*"是自右至左结合，所以上述定义相当于：

```
int *(*p);
```

既然知道了如何定义指向指针的指针，那么可以更形象地表示指向指针的指针，如图 7-10 所示。

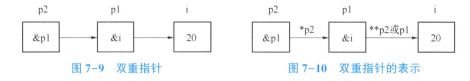

图 7-9 双重指针　　　　　　　　图 7-10 双重指针的表示

【案例 7-7】学生信息管理系统项目中指向指针的指针。

【案例描述】

输出一个班级所有学生的学号，并统计女生的人数（学号结尾是偶数表示女生）。

【代码编写】

```c
int main()
{
    int a[10],*p1,**p2,i,n=0;              /*定义数组、指针、变量等为基本整型*/
    printf("请输入10个学号:\n");
    for(i=0;i<10;i++)
        scanf("%d",&a[i]);                  /*给数组a中各元素赋值*/
    p1=a;                                   /*将数组a的首地址赋给p1*/
    p2=&p1;                                 /*将指针p1的地址赋给p2*/
    printf("数组中的偶数为:\n");
    for(i=0;i<10;i++)
    {
        if(*(*p2+i)%2==0)
        {
            printf("%d ",*(*p2+i));         /*输出数组中的元素*/
            n++;
        }
    }
    printf("\n");
    printf("数组中偶数的个数:%d\n",n);
    return 0;
}
```

【运行结果】

【案例分析】

该程序中将数组 a 的首地址赋给指针变量 p1，又将指针变量 p1 的地址赋给 p2。要通过这个双重指针变量 p2 访问数组中的元素，就要一层层地分析。*p2 指向的是指针变量 p1 所存放的内容（即数组 a 的首地址），要想取出数组 a 中的元素，就必须在 *p2 前面再加一个指针运算符"*"。

思考：

通过指针变量输出数组的各元素值，运行程序后，输入 10 个数值，可以看到输出的数组元素值。

7.4 指针在学生信息管理系统中的综合应用

【案例描述】

编写并调试程序，使用指针实现对学生一门课程成绩信息的管理。

【代码编写】

```c
#include<stdio.h>
#include<stdlib.h>
#define MAXSIZE 100                    //存储空间分配大小

typedef int ElemType;                  //给 int 起别名 ElemType
typedef struct
{
    ElemType *elem;                    /*存储空间基地址,首地址。可理解为"动态数组",
                                         指针变量 elem 指向数组的首地址*/
    int length;                        //当前长度,用于统计元素个数
}SqList;

//1. 初始化
int InitList(SqList *L)
{
    (*L).elem=(ElemType *)malloc(MAXSIZE*sizeof(ElemType));    //分配存储空间
    if(!(*L).elem)
    {
        printf("\n 分配空间失败！！！");
        return -1;                     //空间分配失败
    }
    (*L).length=0;                     //空表长度设置为0
    printf("\n 分配空间成功！！！");
    return 0;
}
//2. 插入元素
int ListInsert(SqList *L,int i,ElemType e)
{
    if(i<1||i>(*L).length+1)
    {
        printf("\n 插入位置违法！！！");
        return -1;
    }
```

```c
        if((*L).length==MAXSIZE)
        {
            printf("\n存储空间已满!!!");
            return -1;
        }
        int j;
        for(j=(*L).length-1;j>=i-1;j--)
        {
            (*L).elem[j+1]=(*L).elem[j];
        }
        (*L).elem[i-1]=e;
        (*L).length++;
        printf("\n插入成功!!!");
        return 0;
}
//3. 取出第i个元素的值
int GetElem(SqList List,int i,ElemType *e)
{
        if(i<1||i>List.length)
        {
            printf("\n所取位置违法!!!");
            return -1;
        }
        *e=List.elem[i-1];
        printf("\n取值成功!!!");
        return 0;
}
//4. 查询有无与e值相同的元素,若有则返回其位置,若无则返回0
int LocateElem(SqList List,ElemType e)
{
        int i;
        for(i=0;i<List.length;i++)
        {
            if(List.elem[i]==e)
            {
                printf("\n查找成功!!!");
                return i+1;
            }
        }
        printf("\n未找到");
        return 0;
}
//5. 删除i位置的元素
```

```c
int ListDelete(SqList *L,int i)
{
    if(i<1||i>(*L).length)
    {
        printf("\n 删除位置违法!!!");
        return -1;
    }
    else
    {
        int j;
        for(j=i-1;j<(*L).length-1;j++)
        {
            (*L).elem[j]=(*L).elem[j+1];
        }
        (*L).length--;
        printf("\n 删除成功!!!");
        return 0;
    }
}
//6.打印所有元素
int ListAll(SqList List)
{
    if(List.length==0)
    {
        printf("\n 该表为空表");
        return -1;
    }
    int i;
    printf("\n 输出所有元素:n");
    for(i=0;i<List.length;i++)
    {
        printf("%d  ",List.elem[i]);
    }
    return 0;
}
int main()
{
    int num,i;                              //初始元素个数 num
    SqList List;
    SqList *L;
    L=&List;
    InitList(L);                            //初始化建立空表
    printf("\n 请输入要输入学生成绩个数");
```

```c
scanf("% d",&num);
for(i=0;i<num;i++)
{
    printf("\n 请输入第%d 个成绩:",i+1);
    scanf("% d",&List. elem[i]);              //给一些元素赋一些值,得到一个不为空的初始表
    List. length++;
}
printf("请输入要插入的元素数据:");
ElemType e;
ElemType *pe;
pe=&e;                                         //指针 pe 指向变量 e
scanf("% d",&e);
printf("请输入要插入的位置:");
scanf("% d",&i);
ListInsert(L,i,e);                             //在位置 i 插入元素 e
ListAll(List);                                 //打印
printf("\n 请输入想要取出元素的位置:");
scanf("% d",&i);
if(GetElem(List,i,pe)= =0)                     //取位置为 i 的元素
{
    printf("\n 位置合法,查询成功:%d 位置的元素为%d",i,e);
}else
{
    printf("\n 位置不合法,查询元素失败");
}
printf("\n 请输入要查找其位置的元素:");
scanf("% d",&e);
int locat=LocateElem(List,e);                  //查找元素 e 的位置
if(locat= =0)
{
    printf("\n 无此元素");
}
else
{
    printf("\n 元素%d 的位置为:%d",e,locat);
}
printf("\n 请输入要删除元素的位置:");
scanf("% d",&i);
ListDelete(L,i);                               //删除位置 i 的元素
ListAll(List);                                 //打印
free(List. elem);                              //释放内存空间
return 0;
}
```

【运行结果】

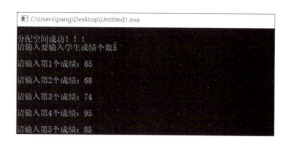

【案例分析】

本案例中使用指针完成学生成绩管理的简单操作。学生成绩的存储定义了一个指针变量，就是在内存中找到一块空间，通过占位的方式把一定内存空间占用，然后把相同数据类型的数据元素依次存放在这块空间中。这块存储空间分配大小为100。其中，使用length变量用于统计元素个数。项目中对存入的成绩信息进行插入信息、删除信息、打印所有成绩信息息、查找信息等。

7.5 小结

1. 有关指针的数据类型的小结

有关指针的数据类型如表7-1所示。

表7-1 有关指针的数据类型

定　义	含　义
int i	定义整型变量 i
int ＊p	p 为指向整型数据的指针变量
int a[n]	定义整型数组 a，它有 n 个元素
int ＊p[n]	定义指针数组 p，它由 n 个指向整型数据的指针元素组成
int（＊p）[n]	p 为指向含 n 个元素的一维数组的指针变量

2. 指针运算的小结

现把全部指针运算列出如下：

（1）指针变量加（减）一个整数。例如，p++、p--、p+i、p-i、p+=i、p-=i。

一个指针变量加（减）一个整数并不是简单地将原值加（减）一个整数，而是将该指针变量的原值（是一个地址）和它指向的变量所占用的内存单元字节数相加（相减）。

（2）指针变量赋值：将一个变量的地址赋给一个指针变量。

```
p=&a;           //将变量 a 的地址赋给 p
p=array;        //将数组 array 的首地址赋给 p
```

```
p=&array[i];        //将数组 array 第 i 个元素的地址赋给 p
p=max;              //max 为已定义的函数,将 max 的入口地址赋给 p
p1=p2;              //p1 和 p2 都是指针变量,将 p2 的值赋给 p1
```

> **注意:**

不能如下:

```
p=1000;
```

(3) 指针变量可以有空值,即该指针变量不指向任何变量。

```
p=NULL;
```

(4) 两个指针变量可以相减:如果两个指针变量指向同一个数组的元素,则两个指针变量值之差是两个指针之间的元素个数。

(5) 两个指针变量比较:如果两个指针变量指向同一个数组的元素,则两个指针变量可以进行比较。指向前面元素的指针变量"小于"指向后面的元素的指针变量。

7.6 习题

1. 单选题。

(1) 设有如下程序段:

```
char s[20]="Bejing", * p;
p=s;
```

则执行语句"p=s;"后,以下叙述正确的是(　　)。

A. 可以用 *p 表示 s[0]
B. s 数组中元素的个数和 p 所指字符串长度相等
C. s 和 p 都是指针变量
D. 数组 s 中的内容和指针变量 p 中的内容相等

(2) 若有语句"char *line[5];",以下叙述中正确的是(　　)。

A. 定义 line 是一个数组,每个数组元素是一个基类型为 char 的指针变量
B. 定义 line 是一个指针变量,该变量可以指向一个长度为 5 的字符型数组
C. 定义 line 是一个指针数组,语句中的"*"号称为间址运算符
D. 定义 line 是一个指向字符型函数的指针

(3) 若有定义语句"double x[5]={1.0,2.0,3.0,4.0,5.0}, *p=x;",则以下各项中错误引用 x 数组元素的是(　　)。

A. *p   B. x[5]   C. *(p+1)   D. *x

（4）有以下程序：

```
#include <stdio.h>
main()
{
    int m=1,n=2,*p=&m,*q=&n,*r;
    r=p;p=q;q=r;
    printf("%d,%d,%d,%d\n",m,n,*p,*q);
}
```

程序运行后的输出结果是（   ）。

A. 1,2,1,2　　　　B. 1,2,2,1　　　　C. 2,1,2,1　　　　D. 2,1,1,2

（5）有以下程序：

```
#include <stdio.h>
main()
{
    int n,*p=NULL;
    *p=&n;
    printf("input n:");
    scanf("%d",&p);
    printf("output n:");
    printf("%d\n",p);
}
```

该程序试图通过指针 p 为变量 n 读入数据并输出，但程序有多处错误，以下语句正确的是（   ）。

A. int n,*p=NULL;　　　　　　　　B. *p=&n;

C. scanf("%d",&p)　　　　　　　　D. printf("d\n",p);

2. 程序设计题。

（1）用指针来实现求三个整数的最大值和最小值。

（2）用指针来实现两个整数的交换。

（3）实现用指针变量在一个已知的成绩数组中，查找给定成绩并输出这些成绩的函数，要求用不同的函数实现输入、查找和输出操作。

（4）定义一个能输入、输出5名学生姓名的函数。要求用指针实现输入/输出操作，并在不同的函数中实现。

（5）用指针变量实现在函数之间传递字符串的函数。

（6）用指针变量实现查找三个字符串中最大的字符串操作。

（7）用指向成绩数组的指针变量作为函数参数，实现求学生成绩平均分和总分的操作。

（8）用指针变量实现输入、输出多个学生姓名的操作。

第8章 函数：学生信息管理系统的函数应用

【学习目标】

- 掌握函数定义的一般形式
- 掌握函数的参数和函数的值
- 掌握函数的调用
- 掌握函数的嵌套调用
- 掌握函数的递归调用
- 掌握数组作为函数参数
- 掌握指针函数
- 掌握函数在学生信息管理系统中的应用

C语言程序是由函数组成的。虽然在前面各章的程序中大都只有一个主函数 main()，但实际所用的程序往往由多个函数组成。函数是C语言程序的基本模块，通过对函数模块的调用实现特定的功能。C语言中的函数相当于其他高级语言的子程序。C语言不仅提供了极为丰富的库函数（如 Turbo C、MS C 都提供了 300 多个库函数），还允许用户自定义函数。用户可把自己的算法编成一个个相对独立的函数模块，然后用调用的方法来使用函数。可以说，C程序的全部工作都是由函数完成的，所以也把C语言称为函数式语言。由于采用了函数模块式的结构，因此C语言易于实现结构化程序设计，使程序的层次结构清晰，便于程序的编写、阅读、调试。

本章首先介绍函数定义、函数参数、函数值、函数调用；其次，介绍将数组作为函数参数、变量作用域和存储类别；再次，介绍函数指针变量、指针型函数；最后，将函数综合应用于学生信息管理系统。

8.1 函数定义：学生信息管理系统中的应用

8.1.1 函数概述

从语法方面来说，函数（function）是用于完成特定任务的一段独立的代码单元，是 C 语言中最重要的概念之一。函数是 C 程序实现的基础，是结构化程序设计的基本单位，是实现特定功能的基本模块，所以有时也会把 C 语言称为函数式语言。

从编程思想方面来说，函数是组织、整理程序设计思路并使之条理化的一种技术手段，而且是一种最主要的技术手段。这种编程思想就是所谓的结构化程序设计思想。

一个完整的 C 程序是通过函数之间互相调用实现的。通过对函数模块的调用，可以实现相应的功能。在进行程序设计时，会将一些常用的功能模块编写成函数，放在函数库中供公共使用。有些函数是按照 ANSIC 的要求随 C 语言编译器提供的，这种函数称之为库函数，如 printf( ) 函数、scanf( ) 函数等。

每个 C 程序的入口和出口都位于 main( ) 主函数之中。编写程序时，并不是将所有的内容都放在 main( ) 主函数中。为了方便规划、组织、编写和调试，一般的做法是将一个程序划分成若干个程序模块，每一个程序模块都完成一部分功能。这样不同的程序模块可以由不同的人来完成，从而可以提高软件开发的效率。

也就是说主函数可以调用其他的函数，其他函数也可以相互调用。在 main( ) 主函数中调用其他的函数，这些函数执行完毕之后又返回 main( ) 主函数。通常把这些被调用的函数称作下层函数。函数调用发生时，立即执行被调用的函数，而调用者则进入等待的状态，直到被调用函数执行完毕。函数可以有参数和返回值。

从不同的角度对函数进行分类，函数可以分为以下几类：

1）从函数定义的角度对函数分类

按照函数定义可将函数分为库函数和自定义函数。库函数就是由 C 系统提供的，用户只需在程序前加上该函数原型的头文件即可在程序中直接调用的函数。所谓用户定义函数，就是用户按照需求编写的函数。

2）从函数结果的角度对函数分类

按照函数结果可将函数分为有返回值函数和无返回值函数两种。有返回值函数：函数执行完需要返回一个值，该返回值也称为函数的值。无返回值函数：函数只是执行它的任务，执行完后不返回任何值。由于函数无须返回值，因此用户在定义此类函数时，可指定它的返回为"空类型"，空类型的说明符为 void。

3）从函数的数据传递角度对函数分类

按照函数的数据传递可将函数分为有参函数和无参函数。有参函数：也称为带参函数，即主调函数和被调函数之间有数据的传递，在函数定义中出现的是形参，在函数的调用中出现的是实参。无参函数：主调函数和被调函数之间不进行参数传递。无参函数一般用来执行指定的一组操作。

8.1.2 无参函数的定义

无参函数的定义形式如下:

```
类型标识符 函数名()
{
    函数体语句;
}
```

其中,类型标识符和函数名称为函数头。类型标识符指明了本函数的类型,函数的类型实际上是函数返回值的类型。该类型标识符与前面章节介绍的各种说明符相同。函数名是由用户定义的标识符,函数名后有一个空括号,其中无参数,但括号不可少。{} 中的内容称为函数体。在函数体中的声明部分,是对函数体内部所用到的变量的类型说明。

在很多情况下,都不要求无参函数有返回值,此时函数类型符可以写为 void。

我们可以改写一个函数定义:

```
void Hello()
{
    printf ("Hello,world \n");
}
```

其中,只把"main"改为"Hello",将"Hello"作为函数名,其余不变。Hello 函数是一个无参函数,当被其他函数调用时,输出字符串"Hello world"。

8.1.3 有参函数的定义

有参函数的一般定义形式如下:

```
类型标识符 函数名(形式参数表列)
{
    函数体语句;
}
```

有参函数比无参函数多了一项内容,即形式参数表列。形参可以是各种类型的变量,各参数之间用逗号间隔。在进行函数调用时,主调函数将赋予这些形参实际的值。既然形参是变量,就必须在形参表中给出形参的类型说明。

例如,定义一个函数,用于求两个数中的大数。可写为如下:

```
int max(int a,int b)
{
    if(a>b) return a;
    else return b;
}
```

第一行说明 max 函数是一个整型函数，其返回的函数值是一个整数。形参为 a 和 b 均为整型量。a 和 b 的具体值由主调函数在调用时传送过来。在 {} 中的函数体内，除形参外没有使用其他变量，因此只有语句而没有声明部分。在 max 函数体中的 return 语句是把 a（或 b）的值作为函数的值返回给主调函数。在有返回值函数中，至少应有一个 return 语句。

在 C 程序中，一个函数的定义可以放在任意位置，既可放在 main( ) 主函数之前，也可放在 main( ) 主函数之后。

8.2 函数的参数和函数的值：学生信息管理系统中的应用

8.2.1 形参和实参

函数的参数分为形参和实参两种。本节将进一步介绍形参、实参的特点和两者的关系。形参出现在函数定义中，在整个函数体内都可以使用，离开该函数则不能使用。实参出现在主调函数中，进入被调函数后，实参变量也不能使用。形参和实参的功能是数据传送。发生函数调用时，主调函数把实参的值传送给被调函数的形参，从而实现主调函数向被调函数的数据传送。

函数的形参和实参具有以下特点：

（1）形参变量只有在被调用时才分配内存单元，当调用结束时，即刻释放所分配的内存单元。因此，形参只有在函数内部有效。函数调用结束返回主调函数后，就不能再使用该形参变量。

（2）实参可以是常量、变量、表达式、函数等，无论实参是何种类型的量，在进行函数调用时，它们都必须具有确定的值，以便把这些值传送给形参。因此，应预先用赋值、输入等方法使实参获得确定值。

（3）实参和形参在数量、类型、顺序方面应严格一致，否则会发生类型不匹配的错误。

（4）函数调用中发生的数据传送是单向的，即只能把实参的值传送给形参，而不能把形参的值反向地传送给实参。因此在函数调用过程中，形参的值发生改变，而实参中的值不会变化。

【案例 8-1】 形式参数和实际参数。

【案例描述】
定义函数求 $\sum n_i$ 的值。

【代码编写】

```
#include<stdio.h>
int s(int n)
{
    int i;
    for(i=n-1;i>=1;i--)
    n=n+i;
```

```
    printf("n=% d\n",n);
}
int main()
{
    int n;
    printf("input number\n");
    scanf("% d",&n);
    s(n);
    printf("n=% d\n",n);
}
```

【运行结果】

【案例分析】

本程序中定义了一个函数 s，该函数的功能是求 $\sum n_i$ 的值。在主函数中输入 n 值，并作为实参，在调用时传送给 s 函数的形参量 n（注意，本案例的形参变量和实参变量的标识符都为 n，但这是两个不同的量，各自的作用域不同）。在主函数中用 printf 语句输出一次 n 值，这个 n 值是实参 n 的值。在函数 s 中也用 printf 语句输出了一次 n 值，这个 n 值是形参最后取得的 n 值 0。从运行情况看，输入 n 值为 100，即实参 n 的值为 100。把此值传给函数 s 时，形参 n 的初值也为 100；在执行函数过程中，形参 n 的值变为 5050。返回主函数之后，输出实参 n 的值仍为 100。由此可见，实参的值不随形参的变化而变化。

8.2.2 函数的返回值

函数的值是指函数被调用之后，执行函数体中的程序段所取得的并返回给主调函数的值。

如下面程序所示，该程序通过调用 max( ) 函数取得的最大数。

```
#include<stdio.h>
int max(int a,int b)
{
    if(a>b)return a;
    else return b;
}
int main()
{
    int max(int a,int b);
```

```
    int x,y,z;
    printf("input two numbers:\n");
    scanf("%d%d",&x,&y);
    z=max(x,y);
    printf("maxmum=%d",z);
}
```

对函数的值（或称函数返回值）有以下一些说明：

（1）函数的值只能通过 return 语句返回主调函数。

return 语句的一般形式：

return 表达式；

或者：

return (表达式)；

该语句的功能是计算表达式的值，并返回给主调函数。在函数中允许有多个 return 语句，但每次调用只能有一个 return 语句被执行，因此只能返回一个函数值。

（2）函数值的类型和函数定义中函数的类型应保持一致。如果两者不一致，则以函数类型为准，自动进行类型转换。

（3）如果函数值为整型，则在函数定义时可以省去类型说明。

（4）不返回函数值的函数，可以将其明确定义为"空类型"，类型说明符为 void。例如：

```
void s(int n)
{ ……
}
```

函数一旦被定义为空类型后，就不能在主调函数中使用被调函数的函数值。

8.3 函数调用：学生信息管理系统中的应用

8.3.1 函数的调用方式

在程序中，通过对函数的调用来执行函数体，其过程与其他语言的子程序调用相似。

在 C 语言中，函数调用的一般形式：

函数名(实际参数表)

对无参函数调用时，则无实际参数表。实际参数表中的参数可以是常数、变量或其他构造类型数据及表达式，各实参之间用逗号分隔。

在 C 语言中，可以用以下几种方式调用函数：

（1）函数表达式：函数作为表达式中的一项出现在表达式中，以函数返回值参与表达式的运算。这种方式要求函数有返回值。例如，z = max(x,y) 是一个赋值表达式，把 max 的返回值赋予变量 z。

（2）函数语句：函数调用的一般形式加上分号，即构成函数语句。例如：

```
printf("% d",a);
scanf("% d",&b);
```

都是以函数语句的方式调用函数。

（3）函数实参：函数作为另一个函数调用的实际参数出现。这种情况是把该函数的返回值作为实参进行传送，因此要求该函数必须有返回值。例如：

```
printf("% d",max(x,y));
```

即把 max 调用的返回值又作为 printf( ) 函数的实参来使用。在函数调用中，还应该注意求值顺序的问题。所谓求值顺序，是指对实参表中的各量是自左至右使用，还是自右至左使用。对此，各系统的规定不一定相同。

8.3.2 被调用函数的声明和函数原型

在主调函数中调用某函数之前，应对该被调函数进行说明（声明），这与使用变量之前要先进行变量说明是一样的。在主调函数中对被调函数作说明的目的是使编译系统知道被调函数返回值的类型，以便在主调函数中按此类型对返回值作相应的处理。

其一般形式：

```
类型说明符 被调函数名(类型 形参,类型 形参,…);
```

或者：

```
类型说明符 被调函数名(类型,类型,…);
```

其中，括号内给出了形参的类型和形参名，或只给出形参类型。这便于编译系统进行检错，以防止可能出现的错误。

main( ) 主函数中对 max( ) 函数的说明可写为如下：

```
int max(int a,int b);
```

或者：

```
int max(int,int);
```

C语言中规定了在以下几种情况时可以省去主调函数中对被调函数的函数说明。

（1）如果被调函数的返回值是整型或字符型，就可以不对被调函数作说明，而直接调用。这时系统将自动对被调函数返回值按整型处理。

（2）当被调函数的函数定义出现在主调函数之前时，在主调函数中也可以不对被调函数再作说明而直接调用。

（3）如果在所有函数定义之前，在函数外已预先说明了各函数的类型，则在以后的各主调函数中可不再对被调函数作说明。例如：

```
char str(int a);
float f(float b);
main()
{
……
}
char str(int a)
{
……
}
float f(float b)
{
……
}
```

其中，第1、2行对str函数和f函数预先作了说明。因此，在以后各函数中无须对str函数和f函数再作说明就可直接调用。

（4）对库函数的调用不需要再作说明，但必须把该函数的头文件用include命令包含在源文件头部。

8.4 函数嵌套调用：学生信息管理系统中的应用

C语言中不允许作嵌套的函数定义。因此各函数之间是平行的，不存在上一级函数和下一级函数的问题。但是C语言允许在一个函数的定义中出现对另一个函数的调用。这样就出现了函数的嵌套调用。即在被调函数中又调用其他函数。这与其他语言的子程序嵌套的情形是类似的。其关系可表示如图8-1所示。

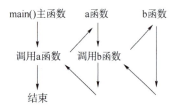

图8-1 函数的嵌套调用

图8-1表示了两层嵌套的情形。其执行过程是：执行main()主函数中调用a函数的语句时，即转去执行a函数，在a函数中调用b函数时，又转去执行b函数，b函数执行完毕返回a函数的断点继续执行，a函数执行完毕返回main()主函数的断点继续执行。

【案例 8-2】学生信息管理系统项目中函数的嵌套。

【案例描述】

求 $S = 2^2! + 3^2!$ 的值。

【代码编写】

```c
#include<stdio.h>
long f1(int p)
{
    int k;
    long r;
    long f2(int);
    k=p*p;
    r=f2(k);
    return r;
}
long f2(int q)
{
    long c=1;
    int i;
    for(i=1;i<=q;i++)
    c=c*i;
    return c;
}
int main()
{
    int i;
    long s=0;
    for (i=2;i<=3;i++)
    s=s+f1(i);
    printf("\ns=%ld\n",s);
    return 0;
}
```

【运行结果】

【案例分析】

在本程序中，函数 f1 和 f2 均为长整型，都已在主函数之前定义，故不必再在主函数中对 f1 和 f2 加以说明。在主程序中，执行循环程序，依次把 i 值作为实参调用函数 f1 求 i^2 值。在 f1 中又发生对函数 f2 的调用，这时是把 i^2 的值作为实参去调 f2，在 f2 中完成求 $i^2!$ 的计算。

f2 执行完毕，把 c 值（即 $i^2!$）返回给 f1，再由 f1 返回主函数实现累加。至此，由函数的嵌套调用实现了题目的要求。由于数值很大，所以函数和一些变量的类型都说明为长整型，否则会造成计算错误。

8.5 函数的递归调用：学生信息管理系统中的应用

一个函数在它的函数体内调用它自身，这称为递归调用，这种函数称为递归函数。C 语言允许函数的递归调用。在递归调用中，主调函数又是被调函数。执行递归函数将反复调用其自身，每调用一次就进入新的一层。

例如，有函数 f 如下：

```
int f(int x)
{
    int y;
    z=f(y);
    return z;
}
```

这个函数是一个递归函数。然而，运行该函数将无休止地调用其自身，这当然是不正确的。为了防止递归调用无终止地进行，就必须在函数内有终止递归调用的设置。常用的办法是增加条件判断，当满足某种条件后就不再作递归调用，然后逐层返回。下面举例说明递归调用的执行过程。

【案例 8-3】学生信息管理系统项目中函数的递归调用。

【案例描述】

用递归法计算 $n!$。

【代码编写】

```
#include<stdio.h>
long ff(int n)
{
    long f;
    if(n<0) printf("n<0,input error");
    else if(n==0||n==1) f=1;
    else f=ff(n-1)*n;
    return(f);
}
int main()
```

```
    {
        int n;
        long y;
        printf("\ninput an integer number:\n");
        scanf("% d",&n);
        y=ff(n);
        printf("% d! =% ld",n,y);
        return 0;
    }
```

【运行结果】

```
input an integer number:
5
5! =120
------------------------------------
Process exited after 16.78 seconds with return value 0
请按任意键继续. . .
```

【案例分析】

本程序中给出的函数 ff 是一个递归函数。主函数调用 ff 后即进入函数 ff 执行，如果 n<0、n=0 或 n=1 都将结束函数的执行，否则就递归调用 ff 函数自身。由于每次递归调用的实参为 n-1，即把 n-1 的值赋予形参 n，最后当 n-1 的值为 1 时再作递归调用，形参 n 的值也为 1，将使递归终止。然后，逐层退回。

接下来，举例说明该过程。设执行本程序时的输入为 5，即求 5!。在主函数中的调用语句即 y=ff(5)，进入 ff 函数后，由于 n=5，不等于 0 或 1，故应执行 f=ff(n-1)*n，即 f=ff(5-1)*5。该语句对 ff 作递归调用，即 ff(4)。

进行 4 次递归调用后，ff 函数形参取得的值变为 1，故不再继续递归调用而开始逐层返回主调函数。ff(1) 的函数返回值为 1，ff(2) 的返回值为 1*2=2，ff(3) 的返回值为 2*3=6，ff(4) 的返回值为 6*4=24，最后返回值 ff(5) 为 24*5=120。

8.6 数组作为函数参数：学生信息管理系统中的应用

数组可以作为函数的参数使用，进行数据传送。数组用作函数参数有两种形式：一种是把数组元素（下标变量）作为实参使用；另一种是把数组名作为函数的形参和实参使用。

8.6.1 数组元素作为函数实参

数组元素就是下标变量，它与普通变量并无区别，因此它作为函数实参使用与普通变量是完全相同的。当发生函数调用时，把作为实参的数组元素的值传送给形参，实现单向的值传送。

【案例8-4】学生信息管理系统项目中数组元素作为函数实参。

【案例描述】

判别一个班级学生的C语言成绩，若大于等于60则输出该值，若小于60则输出0值。

【代码编写】

```c
#include<stdio.h>
void grade(int v)
{
    if(v>=60)
    printf("%d ",v);
    else
    printf("%d ",0);
}
int main()
{
    int a[5],i;
    printf("input 5 numbers\n");
    for(i=0;i<5;i++)
    {
      scanf("%d",&a[i]);
      grade(a[i]);
    }
    return 0;
}
```

【运行结果】

【案例分析】

本程序中首先定义一个无返回值函数grade，并说明其形参v为整型变量。在函数体中根据v值输出相应的结果。在main()主函数中用一个for语句输入数组各元素，每输入一个就以该元素作为实参调用一次grade函数，即把a[i]的值传送给形参v，供grade函数使用。

8.6.2 数组名作为函数参数

用数组名作函数参数与用数组元素作实参有几点不同：

（1）用数组元素作实参时，只要数组类型和函数的形参变量的类型一致，那么作为下标变量的数组元素的类型也和函数形参变量的类型是一致的。因此，并不要求函数的形参也是下标变量。换句话说，对数组元素的处理是按普通变量对待的。用数组名作函数参数时，则要求形参和相对应的实参都必须是类型相同的数组，且都必须有明确的数组说明。当形参和实参二者的类型（除了 int 型和 char 型以外）不一致时，就会发生错误。

（2）将普通变量或下标变量作函数参数时，形参变量和实参变量是由编译系统分配的两个不同的内存单元。当函数调用时，发生的值传送是把实参变量的值赋予形参变量。在用数组名作函数参数时，不是进行值传送，即不是把实参数组的每一个元素的值都赋予形参数组的各个元素。这是因为，实际上形参数组并不存在，编译系统不为形参数组分配内存。那么，数据的传送是如何实现的呢？在前面章节介绍过，数组名就是数组的首地址。因此在数组名作函数参数时所进行的传送只是地址的传送，也就是说，把实参数组的首地址赋予形参数组名。形参数组名取得该首地址之后，也就相当于有了实在的数组。实际上，是形参数组和实参数组为同一数组，共同拥有一段内存空间。

图 8-2 说明了这种情形。设 a 为实参数组，类型为整型。a 占用以 2000 为首地址的一块内存区。b 为形参数组。当发生函数调用时，进行地址传送，把实参数组 a 的首地址传送给形参数组 b，于是 b 也取得该地址 2000。因此，a、b 两数组共同占用以 2000 为首地址的一段连续内存单元。从图中还可以看出，a 和 b 下标相同的元素实际上也占相同的两个内存单元（整型数组的每个元素占 2 字节）。例如，a[0] 和 b[0] 都占用 2000 单元和 2001 单元，即 a[0] 等于 b[0]。类推可知，a[i] 等于 b[i]。

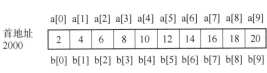

图 8-2 数组名作为函数参数

【案例 8-5】 学生信息管理系统项目中数组名作为函数实参。

【案例描述】
数组 a 中存放了一名学生 5 门课程的成绩，求该学生的平均成绩。

【代码编写】

```c
#include<stdio.h>
float aver(float a[5])
{
    int i;
    float av,s=a[0];
    for(i=1;i<5;i++)
    s=s+a[i];
    av=s/5;
    return av;
}
int main()
```

```
{
    float sco[5],av;
    int i;
    printf("\ninput 5 scores:\n");
    for(i=0;i<5;i++)
    scanf("% f ",&sco[i]);
    av=aver(sco);
    printf("average score is % 5. 2f ",av);
    return 0;
}
```

【运行结果】

```
input 5 scores:
85 98 77 65 75 44
average score is 80.00

Process exited after 12.71 seconds with return value 0
请按任意键继续. . .
```

【案例分析】

本程序首先定义了一个实型函数 aver；有一个形参为实型数组 a，长度为 5。在函数 aver 中，将各元素值相加求出平均值，返回给主函数。主函数 main( ) 中首先完成数组 sco 的输入，然后以 sco 作为实参调用 aver 函数，将函数返回值传送给 av，最后输出 av 值。从运行情况可以看出，本程序实现了所要求的功能。

（3）在变量作函数参数时，所进行的值传送是单向的，即只能从实参传向形参，不能从形参传回实参。形参的初值和实参相同，而形参的值发生改变后，实参并不变化，两者的终值是不同的。当用数组名作函数参数时，情况则不同。由于实际上形参和实参为同一数组，因此当形参数组发生变化时，实参数组也随之变化。虽然这种情况不能理解为发生了"双向"的值传递，但从实际情况来看，调用函数之后，实参数组的值将因形参数组值的变化而变化。

8.7 变量作用域和存储类别：学生信息管理系统中的应用

在讨论函数的形参变量时曾经提到，形参变量只在被调用期间才分配内存单元，调用结束立即释放。这一点表明形参变量只有在函数内才是有效的，离开该函数就不能再使用了。这种变量有效性的范围称为变量的作用域。不仅对于形参变量，C 语言中所有的量都有自己的作用域。变量说明的方式不同，其作用域也不同。C 语言中的变量，按作用域范围可分为两种，即局部变量和全局变量。

8.7.1 局部变量

局部变量也称为内部变量。局部变量是在函数内作定义说明的,其作用域仅限于函数内,离开该函数后再使用这种变量是非法的。

例如:

```
int f1(int a)              /*a,b,c 有效*/
{
  int b,c;
  ……
}
int f2(int x)              /*x,y,z 有效*/
{
  int y,z;
  ……
}
main()                     /*m,n 有效*/
{
  int m,n;
  ……
}
```

在函数 f1 内定义了 3 个变量,a 为形参,b、c 为一般变量。在 f1 的范围内,a、b、c 有效,或者说 a、b、c 变量的作用域限于 f1 内。同理,x、y、z 的作用域限于 f2 内,m、n 的作用域限于 main( )主函数内。

关于局部变量的作用域,还要说明以下几点:

(1) 主函数中定义的变量也只能在主函数中使用,不能在其他函数中使用。同时,主函数中也不能使用其他函数中定义的变量。因为主函数也是一个函数,它与其他函数是平行关系。这一点与其他编程语言是不同的,应予以注意。

(2) 形参变量属于被调函数的局部变量,实参变量属于主调函数的局部变量。

(3) 允许在不同的函数中使用相同的变量名,它们代表不同的对象,被分配不同的单元,既互不干扰,也不会发生混淆。

(4) 在复合语句中也可定义变量,其作用域只在复合语句范围内。

例如:

```
int main()
{
    int s,a;
    ……
    {
        int b;
```

```
            s=a+b;
        ……                    /*b 作用域*/
    }
    ……                        /*s,a 作用域*/
}
```

【案例 8-6】局部变量的应用。

【案例描述】

在复合语句中也可定义变量，其作用域只在复合语句范围内。

【代码编写】

```
#include<stdio.h>
int main()
{
    int i=2,j=3,k;
    k=i+j;
    {
      int k=8;
      printf("%d\n",k);
    }
    printf("%d\n",k);
    return 0;
}
```

【运行结果】

【案例分析】

本程序在 main() 主函数中定义"int i=2,j=3,k;"三个变量，其中 k 未赋初值；在复合语句内又定义 k 变量：int k=8；应该注意这两个 k 虽然变量名相同，但不是同一个变量。因此，本案例中的第一个输出语句"printf("%d\n",k);"中 k 的作用域在复合语句范围内，所以 k=8；第二个输出语句"printf ("%d\n",k);"的 k 的作用域在 main() 主函数内，k=i+j，所以 k=5。

8.7.2 全局变量

全局变量也称为外部变量，它是在函数外部定义的变量。它不属于哪一个函数，它属于一个源程序文件，其作用域是整个源程序。在函数中使用全局变量，一般应作全局变量说明。

只有在函数内经过说明的全局变量才能使用。全局变量的说明符为 extern。但在一个函数之前定义的全局变量，在该函数内使用可不再加以说明。

例如：

```
int a,b;                /* 外部变量 */
void f1()               /* 函数 f1 */
{
  ……
}
float x,y;              /* 外部变量 */
int fz()                /* 函数 fz */
{
  ……
}
main()                  /* 主函数 */
{
  ……
}
```

从上例可以看出，a、b、x、y 都是在函数外部定义的变量，都是全局变量。但 x、y 定义在函数 f1 之后，而在 f1 内又无对 x、y 的说明，所以它们在 f1 内无效。a、b 定义在源程序最前面，因此在 f1、f2 及 main( ) 主函数内不加说明也可使用。

思考：
外部变量与局部变量是否可以同名？

8.7.3 存储方式

从变量的作用域（即从空间）角度来划分，C 语言中的变量可以分为全局变量和局部变量；从变量值存在的时间（即生存期）角度来分，其可以分为静态存储方式和动态存储方式。静态存储方式是指在程序运行期间分配固定的存储空间的方式。动态存储方式是指在程序运行期间根据需要进行动态分配存储空间的方式。

用户存储空间可以分为三部分：程序区、静态存储区、动态存储区。

全局变量全部存放在静态存储区，在程序开始执行时给全局变量分配存储区，程序执行完毕就释放。在程序执行过程中它们占据固定的存储单元，而不动态地进行分配和释放。

动态存储区存放以下数据：函数形式参数、自动变量（未加 static 声明的局部变量）、函数调用时的现场保护和返回地址。对于这些数据，在函数开始调用时分配动态存储空间，函数结束时释放这些空间。

在 C 语言中，每个变量和函数都有两个属性：数据类型和数据的存储类别。

8.8 函数指针变量：学生信息管理系统中的应用

在 C 语言中，一个函数总是占用一段连续的内存区，而函数名就是该函数所占内存区的首地址。我们可以把函数的这个首地址（或称入口地址）赋予一个指针变量，使该指针变量指向该函数。然后，通过指针变量就可以找到并调用这个函数。我们把这种指向函数的指针变量称为函数指针变量。

函数指针变量定义的一般形式：

类型说明符 (*指针变量名)();

其中，"类型说明符"表示被指函数的返回值的类型；"(* 指针变量名)"表示"*"后面的变量是定义的指针变量；最后的空括号表示指针变量所指的是一个函数。

例如：

int (*pf)();

表示 pf 是一个指向函数入口的指针变量，该函数的返回值（函数值）是整型。

【案例 8-7】 学生信息管理系统项目中函数指针变量的应用。

【案例描述】
本例用来说明用指针形式实现对函数调用的方法。

【代码编写】

```c
#include<stdio.h>
int max(int a,int b)
{
    if(a>b)   return a;
    else return b;
}
int main()
{
    int max(int a,int b);
    int(*pmax)( int a,int b);
    int x,y,z;
    pmax=max;
    printf("input two numbers:\n");
    scanf("%d%d",&x,&y);
    z=(*pmax)(x,y);
    printf("maxmum=%d",z);
    return 0;
}
```

【运行结果】

```
C:\Users\pang\Desktop\Untitled1.exe
input two numbers:
5
8
maxmum=8

Process exited after 3.231 seconds with return value 0
请按任意键继续. . .
```

【案例分析】

从上述程序可以看出，函数指针变量形式调用函数的步骤如下：

（1）定义函数指针变量，如程序中第 9 行"int(*pmax)();"定义 pmax 为函数指针变量。

（2）把被调函数的入口地址（函数名）赋予该函数指针变量，如程序中第 11 行"pmax=max;"。

（3）用函数指针变量形式调用函数，如程序第 14 行"z=(*pmax)(x,y);"。

调用函数的一般形式：

(*指针变量名)(实参表)

使用函数指针变量时，还应注意以下两点：

函数指针变量不能进行算术运算，这与数组指针变量是不同的。数组指针变量加（或减）一个整数可使指针移动指向后面（或前面）的数组元素，而函数指针的移动是毫无意义的。

函数调用中，"(*指针变量名)"的两边的括号不可少，其中的 * 不能理解为求值运算，它在此处只是一种表示符号。

8.9 指针型函数：学生信息管理系统中的应用

所谓函数类型，是指函数返回值的类型。在 C 语言中允许一个函数的返回值是一个指针（即地址），这种返回指针值的函数称为指针型函数。

定义指针型函数的一般形式：

```
类型说明符 *函数名(形参表)
{
    ……            /*函数体*/
}
```

其中，函数名之前加了"*"号，表明这是一个指针型函数，即返回值是一个指针。"类型说明符"表示了返回的指针值所指向的数据类型。

例如：

```
int * ap(int x,int y)
{
……            /*函数体*/
}
```

表示 ap 是一个返回指针值的指针型函数，它返回的指针指向一个整型变量。

8.10 函数在学生信息管理系统中的综合应用

【案例描述】
编写并调试程序，使用函数实现学生信息管理系统中的成绩管理模块。

【代码编写】

```
#include <stdio.h>
#include <stdlib.h>                //exit()函数头文件
#include <string.h>                //字符串相关操作头文件
#define MAX_STUDENT 30             //最大学生数
//函数声明,本程序共10个子函数,每个函数对应一个操作
void student_scanf(int n);
void student_printf(int n);
int student_find_name(int n);
int student_find_num(int n);
void student_sort_num(int n);
void student_sort_sum(int n);
int student_alter_num(int n);
int student_alter_name(int n);
int student_delete_num(int n);
int student_delete_name(int n);
//全局数组变量,用于存储学生信息
char names[MAX_STUDENT][50];
int math[MAX_STUDENT];
int english[MAX_STUDENT];
int computer[MAX_STUDENT];
int sum[MAX_STUDENT];
int num[MAX_STUDENT];
//以下变量用于学生信息数组排序,作为临时数组
int temp_num[MAX_STUDENT];
char temp_names[MAX_STUDENT][50];
int temp_math[MAX_STUDENT];
```

```c
int temp_english[MAX_STUDENT];
int temp_computer[MAX_STUDENT];
int temp_sum[MAX_STUDENT];
//sort 数组存储已排序的学号或姓名下标
int sort[MAX_STUDENT];
//循环全局变量
int i,j;
//main()主函数
int main(void)
{
    int choice,n;
    while(1)
    {
        printf("*********************************\n");
        printf("欢迎使用学生成绩管理系统\n");
        printf("[1] 输入所有学生信息\n");
        printf("[2] 输出所有学生成绩\n");
        printf("[3] 按学号查找某个学生信息\n");
        printf("[4] 按姓名查找某个学生信息\n");
        printf("[5] 按学号对学生排序\n");
        printf("[6] 按总成绩对学生排序\n");
        printf("[7] 按学号修改某个学生信息\n");
        printf("[8] 按姓名修改某个学生信息\n");
        printf("[9] 按学号删除某个学生信息\n");
        printf("[10] 按姓名删除某个学生信息\n");
        printf("[0] 退出程序\n");
        printf("请输入您的选择(0 - 9):");
        scanf("% d",&choice);
        switch(choice)
        {
            case 1:                                    //录入;
            printf("请输入录入的学生信息数：");
            scanf("% d",&n);
            student_scanf(n);
            break;
            case 2:                                    //输出;
            student_printf(n);
            break;
            case 3:                                    //根据学号查找
            student_find_num(n);
            break;
            case 4:                                    //根据姓名查找
```

```c
                        student_find_name(n);
                        break;
                    case 5:                              //按学号排序
                        student_sort_num(n);
                        break;
                    case 6:                              //按总成绩排序
                        student_sort_sum(n);
                        break;
                    case 7:                              //按学号修改
                        student_alter_num(n);
                        break;
                    case 8:                              //按姓名修改
                        student_alter_name(n);
                        break;
                    case 9:                              //按学号删除
                        student_delete_num(n);
                        break;
                    case 10:                             //按姓名删除
                        student_delete_name(n);
                        break;
                    case 0:                              //退出程序
                        printf("退出程序\n");
                        printf("程序结束,谢谢使用！\n");
                        exit(0);
                    default:
                        printf("您输入的菜单有误。请重新输入！\n");
                }
            }
        return 0;
    }
//1. 输入信息
void student_scanf(int n)
{
    printf("输入信息");
}
//2. 打印信息
void student_printf(int n)
{
    printf("打印信息");
}
//3. 按学号查找
int student_find_num(int n)
{
```

```c
    printf("按学号查找");
    return 0;
}
//4. 用姓名查找
int student_find_name(int n)
{
    printf("用姓名查找成绩");
    return 0;
}
//5. 按学号排序
void student_sort_num(int n)
{
    printf("按学号排序");
}
//6. 按总成绩排序
void student_sort_sum(int n)
{
    printf("按总成绩排序");
}
//7. 按学号修改学生信息
int student_alter_num(int n)
{
    printf("按学号修改学生信息");
    return 0;
}
//8. 按姓名修改学生信息
int student_alter_name(int n)
{
    printf("按姓名修改学生信息");
    return 0;
}
//9. 按学号删除学生信息
int student_delete_num(int n)
{
    printf("按学号删除学生信息");
    return 0;
}
//10. 按姓名删除学生信息
int student_delete_name(int n)
{
    printf("按姓名删除学生信息");
    return 0;
}
```

【运行结果】

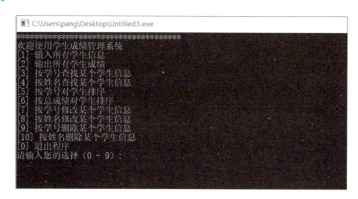

【案例分析】

本案例中使用函数完成学生成绩管理的简单操作。项目的整体框架设计是程序开发中的重要环节。整体框架是程序的总体结构，是程序设计中非常重要的部分。整体框架设计的好处是为项目搭好一个骨架，这个骨架包含了项目的各种功能模块；后续的工作就是完成这些功能模块，当这些功能模块全部实现后，整个项目也就完成了。

本案例中定义了10个函数，分别用于定义学生成绩管理的各项功能。项目定义一个菜单中有11个选项，每个选项对应一个函数，通过switch语句来选择各个功能。

8.11 小结

本章主要介绍了C语言中有关函数的内容，包括函数的概念、函数的定义、函数的返回语句、函数的参数、函数的调用及指针函数应用等。其中，通过讲解函数定义，让读者学会如何定义无参函数和有参函数；通过介绍返回语句和函数参数，使读者进一步了解函数定义的细节；通过介绍函数的调用，详细说明函数的几种调用方式与方法，并重点介绍了数组和指针变量作为函数参数的用法和指针型函数的应用，最终将函数的相关内容应用于学生信息管理系统的设计与实现。

函数是C语言的重点部分，希望读者可以对此部分知识多加理解。

8.12 习题

1. 单选题。

（1）有以下程序：

```
int add(int a,int b)
{return(a+b);}
main()
```

```
{
    int k,(*f)(),a=5,b=10;
    f=add;
    ...
}
```

则以下函数调用语句错误的是（　　）。

A. k=(*f)(a,b);　　　　　　　B. k=add(a,b);
C. k=*f(a,b);　　　　　　　　D. k=f(a,b);

（2）若函数中有定义语句"int k;"，则（　　）。

A. 系统将自动给 k 赋初值 0　　　B. 这时 k 中值无定义
C. 系统将自动给 k 赋初值 -1　　　D. 这时 k 中无任何值

（3）已定义以下函数：

```
int fun(int *p)
{return *p;}
```

fun 函数的返回值是（　　）。

A. 不确定的值　　　　　　　　B. 一个整数
C. 形参 p 中存放的值　　　　　D. 形参 p 的地址值

（4）下面的函数调用语句中 func( ) 函数的实参个数是（　　）。

func(f2(v1,v2),(v3,v4,v5),(v6,max(v7,v8)));

A. 3　　　　　　B. 4　　　　　　C. 5　　　　　　D. 8

（5）以下叙述中错误的是（　　）。

A. 用户定义的函数中可以没有 return 语句
B. 用户定义的函数中可以有多个 return 语句，以便可以调用一次返回多个函数
C. 用户定义的函数中若没有 return 语句，则应当定义函数为 void 类型
D. 函数的 return 语句中可以没有表达式

2. 程序设计题。

（1）设计两个函数，一个用来计算圆的周长，另一个用来计算圆的面积，并在主函数中调用这两个函数。

（2）用递归方式，求 15! 的值。要求：设计一个函数计算阶乘，在主函数中输出阶乘值。

（3）任意输入一个整数，求各位数之和。

（4）输出 100~200 之间的所有素数。

（5）判断输入的密码是否正确（正确的密码可以自由设计）。若正确，则显示"欢迎使用本软件！"；若不正确，则可以重新输入，允许输入三次，如果三次都不正确，则显示"密码不正确，你不能使用本软件"，并退出程序。

（6）设计程序，实现任意输入一个正整数 num，求 1!+3!+5!+…+num! 的值。要求：将阶乘计算与求和计算分别设计成函数，主函数中输入 num 值，调用两个计算函数并输出和。

（7）根据用户要求，实现不同进制（2、8、10、16）之间的数据转换。要求：主函数显示进制转换菜单，并调用相关函数实现转换功能。

第9章　自定义数据类型：学生信息管理系统的自定义数据类型应用

【学习目标】

- 掌握结构体类型的定义与使用方法
- 掌握结构体数组的定义与使用方法
- 掌握结构体指针的应用
- 了解链表的相关操作
- 了解共用体类型、共用体变量定义、共用体变量赋值和引用的方法
- 了解枚举类型的定义与使用
- 掌握用 typedef 声明新类型名的方法

前面内容中已经介绍了 C 语言的基本数据类型（如整型、实型、字符型等），也介绍了一种构造类型数据——数组。数组中的各数据属于同一类型。但是只有这些数据类型是不够的，在实际编程过程中，很多时候还需要数据之间有内在联系，还需要成组出现，并且相互之间的数据类型不同。例如，在学生信息管理系统项目设计中，要求记录每名学生的学号、姓名、成绩等信息，一名学生信息包含学号（整型）、姓名（字符型）、成绩（实型）等项，这些项都与某一学生相联系，应当把它们组织成一个组合项。为此，C 语言允许用户自己构造新的数据类型来处理此类问题。

本章首先介绍结构体类型、结构体数组及结构体指针的定义和使用；其次，介绍在学生信息管理系统链表中结构体类型、结构体数组及结构体指针的应用；再次，介绍共用体和枚举类型的定义与使用、用 typedef 声明新类型名的方法；最后，将自定义数据类型综合应用于学生信息管理系统。

9.1 结构体：学生信息管理系统中的定义与使用

结构体是一种较为复杂却非常灵活的构造数据类型，是用户根据程序设计的需要，自己建立的由不同类型数据组成的组合型数据结构。对于某个具体的结构体类型，成员的数量必须固定，这一点与数组相同；结构体中各个成员的类型可以不同，这是结构体与数组的重要区别。因此，当需要把一些相关信息组合在一起时，使用结构体这种类型就很方便。

9.1.1 结构体类型的定义

结构体是一种自定义数据类型，除了结构体变量需要定义后才能使用外，结构体的类型本身也需要定义。对结构体类型的定义应该说明构成该结构体类型的各个成员，以及各成员的类型。结构体类型定义的一般形式：

```
struct 结构体名
{
    数据类型 成员名1;
    数据类型 成员名2;
          ⋮
    数据类型 成员名n;
};
```

说明：

（1）结构体名是结构体类型的名称，遵循标识符命名规则。

（2）struct 是定义结构体类型的关键字，其后是结构体名，这两者合称为结构体类型标识符。一般情况下，这两者要联合使用，不能分开，但在某些不需要结构体名的状态下，也可以省略结构体名。

（3）一个结构体由若干成员组成。每个成员的数据类型既可以不同，也可以相同；既可以是基本数据类型，也可以是复杂的数据类型，如数组类型或结构体类型等。每个成员有自己的名字，称为结构体成员名。需要注意的是，每个成员名后面有分号。

（4）整个结构体类型定义以分号结束，大括号后面的分号不能遗漏。

接下来，以表 9-1 所示的学生信息表为例，介绍结构体类型。

表 9-1 学生信息表

num	name	chinese	math	english
202201	Weihua	80	85	80
202202	Lisa	85	90	94
202203	Hanmeimei	80	89	78

例如，针对表 9-1 中每名学生的信息，可以定义如下的结构体类型：

```
struct Stu
{
    int num;                /*学号*/
    char name[15];          /*姓名*/
    float chinese;          /*语文成绩*/
    float math;             /*数学成绩*/
    float english;          /*英语成绩*/
};
```

在此例中定义了一个结构体类型 struct Stu，该结构体名为 Stu。它由 5 个成员组成，分别是 num、name、chinese、math 和 english。结构体成员的定义方式与变量和数组的定义方式相同。

几点补充说明：

（1）定义结构体类型时，也可以省略结构体名。这样的结构体格式称为无名结构体。例如：

```
struct
{
    int num;                /*学号*/
    char name[15];          /*姓名*/
    float chinese;          /*语文成绩*/
    float math;             /*数学成绩*/
    float english;          /*英语成绩*/
};
```

（2）结构体类型定义说明了结构体的组织形式，相当于一个模型，其中并无具体数据，系统并不为该结构体分配实际内存单元。它的功能相当于 int、char、float、double 等，一样可以用来定义变量的类型。

（3）结构体成员也可以是一个结构体，即结构体可以嵌套使用。例如，有一组学生的信息包括学号、姓名和成绩（包括语文成绩、数学成绩和英语成绩），则可进行如下结构体类型的定义：

```
struct Score
{
    float chinese;          /*语文成绩*/
    float math;             /*数学成绩*/
    float english;          /*英语成绩*/
};/*定义了一个包含 chinese,math,english 三个成员的结构体类型 struct Score*/
struct Stu
{
    int num;                /*定义一个整型变量 num*/
    char name[15];          /*定义一个字符型数组 name*/
    struct Score grade;     /*定义一个结构体类型 grade*/
};/*结构体数据类型 struct Stu 中有一个成员 grade 是结构体类型*/
```

（4）结构体既可以定义在函数内部，也可以定义在函数外部。在函数内部的结构体只在函数内部有效；在函数外部定义的结构体，从定义处到源文件结束之间都是有效的。

9.1.2 结构体变量的定义

既然结构体是一种数据类型，那么也可以用它来定义变量。可以采取以下 3 种方式定义结构体类型的变量。

1. 先定义结构体类型再定义变量

一般格式如下：

```
struct 结构体名 结构体变量名列表；
```

例如：

```
struct Stu S1,S2;           /*定义结构体变量 S1 和 S2*/
```

其中，"struct Stu"是 9.1.1 节已经定义的结构体数据类型，S1 和 S2 是结构体变量名。与"int a,b;"对比，"struct Stu"的功能相当于"int"，"S1"的功能相当于"a"，"S2"的功能相当于"b"。这样 S1 和 S2 就具有了 struct Stu 类型的结构，如图 9-1 所示。

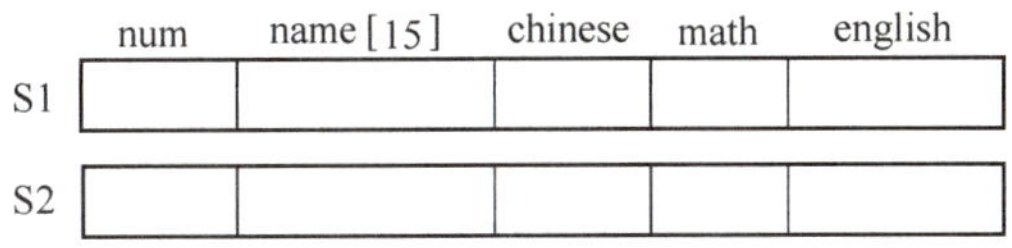

	num	name [15]	chinese	math	english
S1					
S2					

图 9-1 变量 S1 和 S2 结构图

> 注意：
> 将一个变量定义为结构体变量时，既要使用关键字 struct，也要指定结构体名。如果只使用关键字 struct，不指定结构体名，则是错误的。例如，"struct S1,S2;"是错误的。
> 这种方式是将结构体定义与结构体变量定义分开，在声明类型后可以随时定义变量，相对比较灵活。在编写较大规模程序时，往往将对结构体类型的定义放在一个头文件中，需用到此结构体类型的源文件可用"#include"命令将该头文件包含到源文件中，这样便于装配、修改和使用。

2. 定义结构体类型的同时定义变量

其一般形式如下：

```
struct 结构体名
{
    数据类型 成员名 1；
    数据类型 成员名 2；
         ⋮
    数据类型 成员名 n；
}结构体变量名列表；
```

例如:

```
struct Stu
{
    int num;                    /* 学号为整型 */
    char name[15];              /* 姓名为字符数组 */
    float chinese;              /* 语文成绩 */
    float math;                 /* 数学成绩 */
    float english;              /* 英语成绩 */
}S1,S2;                         /* 定义结构体变量 S1 和 S2 */
```

本例的作用与第一种方法相同,即定义了两个结构体类型 struct Stu 的变量 S1 和 S2。定义结构体类型时,只需在最后的大括号与分号之间插入变量名列表,即可同时定义结构体变量。如果变量名列表的变量多于一个,则每两个变量名之间用逗号分隔。

这种方式将定义结构体类型和定义变量放在一起进行,能够直接展示结构体的成员组成情况,比较直观,适合编写小型程序时使用。

3. 直接定义结构体类型变量而不指定结构体名

其一般形式如下:

```
struct
{
    数据类型 成员名1;
    数据类型 成员名2;
         ⋮
    数据类型 成员名n;
}结构体变量名列表;
```

例如:

```
struct
{
    int num;                    /* 学号为整型 */
    char name[15];              /* 姓名为字符数组 */
    float chinese;              /* 语文成绩 */
    float math;                 /* 数学成绩 */
    float english;              /* 英语成绩 */
}S1,S2;                         /* 定义结构体变量 S1 和 S2 */
```

本例指定了一个无名的结构体类型。显然,不能再以此结构体类型去定义其他变量,因此这种方式用得不多。

4. 注意事项

(1) 对结构体变量来说,要先定义结构体类型,再定义该结构体类型的变量。结构体类型与结构体变量是不同的概念,不要混淆。只能对结构体变量赋值、存取或运算,而不能对结构体类型赋值、存取或运算。在编译时,对结构体类型不分配内存空间,只对结构体变量分配内存空间。

(2) 结构体中的成员可以单独使用,其作用、地位与一般变量相同。

(3) 结构体成员名遵循标识符命名规则,名字可以与程序中其他变量名相同,二者不代表同一对象。例如,程序中可以另定义一个变量 num,它与 struct Stu 中的 num 是两回事,系统会自动识别它们,两者不会混淆。

(4) 结构体类型是用户根据需要自定义的,不仅要求指定变量为结构体类型,而且要求指定为某一特定的结构体类型(如 struct Stu 类型),所以结构体类型可以有多种,这与基本数据类型不同。例如,定义变量为整型时,只需指定为 int 型即可。

9.1.3 结构体变量的使用

1. 结构体变量的赋值

在定义结构体变量的同时,可以对其进行赋值,即对其初始化。其一般格式:

```
struct 结构体名 结构体变量名={初始数据};
```

其中,数据与数据之间用逗号隔开;数据的个数要与被赋值的结构体成员的个数相等;数据类型要与相应结构体成员的数据类型一致。

例如:

```
struct Stu                                          /*结构体类型定义*/
{
    int num;
    char name[15];
    float chinese;
    float math;
    float english;
};
struct Stu S1={202201,"Weihua",80,85,80};           /*定义结构体变量 S1 并初始化*/
```

或者:

```
struct Stu                                          /*结构体类型定义*/
{
    int num;
    char name[15];
    float chinese;
    float math;
    float english;
}S1={202201,"Weihua",80,85,80};                     /*定义结构体变量 S1 并初始化*/
```

> **注意：**

不能直接在结构体成员表中对成员赋初值。例如，以下对结构体成员进行初始化的方法是错误的。

```
struct Stu
{
    int num=202201;
    char name[15]="Weihua";
    float chinese =80;
    float math=85;
    float english=80;
}S1;
```

2. 结构体变量的引用

在定义了结构体变量以后，可以引用该变量。对结构体变量进行赋值、存取或运算，实质上是对结构体成员的操作。访问结构体变量的成员，需使用"成员运算符"，其一般形式为：

```
结构体变量名.成员名
```

例如，已定义了 S1 为 struct Stu 类型的结构体变量，则 S1. num 表示 S1 变量中 num 成员，在程序中可以用以下方式对变量的成员赋值：

```
S1. num=202201;
```

应遵守以下规则：

（1）不能将一个结构体变量作为整体进行输入和输出。例如，已定义 S1 为结构体变量并赋值，不能引用为"printf（"%d%s%f%f%f\n",S1）;"。

（2）如果成员本身又属于一个结构体类型，则要用若干个成员运算符，一级一级地找到最低一级的成员，只能对最低级的成员进行赋值、存取或运算。例如，前面定义过的两个结构体类型 Stu 和 Score 如下：

```
struct Score                    /*声明结构体类型 struct Score */
{
    float chinese;              /*语文成绩*/
    float math;                 /*数学成绩*/
    float english;              /*英语成绩*/
};
struct Stu                      /*声明结构体类型 struct Stu */
{
    int num;                    /*定义一个整型变量 num */
    char name[15];              /*定义一个字符型数组 name */
    struct Score grade;         /*定义一个结构体类型 grade */
}Stu;
```

则可以这样访问各成员：

S1.num=202201;
S1.grade.math=85;

【案例9-1】 学生信息管理系统项目中计算某名学生的总成绩，输出此学生的全部信息。

【案例描述】

已知一名学生的信息，计算此学生的总成绩，并输出此学生的学号、姓名、各科成绩和总成绩。

【代码编写】

```c
#include <stdio.h>
struct Stu                              /*定义结构体数据类型 struct Stu*/
{
    int num;                            /*学号为整型*/
    char name[15];                      /*姓名为字符数组*/
    float chinese;                      /*语文成绩*/
    float math;                         /*数学成绩*/
    float english;                      /*英语成绩*/
    float sum;                          /*总成绩*/
};
void main()
{
    struct Stu S1={202201,"Weihua",80,85,80};  /*定义变量S1并初始化*/
    S1.sum=S1.chinese+S1.math+S1.english;      /*计算出总成绩*/
    printf("学号\t姓名\t语文\t数学\t英语\t总成绩\n");
    printf("%d\t%s\t%.2f\t%.2f\t%.2f\t%.2f\n",S1.num,S1.name,S1.chinese,S1.math,S1.english,S1.sum);    /*输出学生的全部信息*/
}
```

【运行结果】

【案例分析】

首先，定义一个结构体类型 struct Stu，包括6名成员：num（学生的学号）、name（姓名）、chinese（语文成绩）、math（数学成绩）、english（英语成绩）和 sum（总成绩）；然后，定义结构体变量 S1 并进行初始化；接着，计算此学生的总成绩；最后，输出此学生的学号、姓名、各科成绩和总成绩。

9.2 结构体数组：学生信息管理系统中的定义与使用

一个结构体变量可以存放一组数据（如一名学生的学号、姓名、成绩等信息），如果一个班有 30 名学生，则这 30 名学生的信息都可以用结构体变量来表示，它们具有相同的数据类型，显然应该用数组来表示，这就是结构体数组。结构体数组中的每个数组元素都是一个结构体类型的数据，它们都分别包括各个成员项。

9.2.1 结构体数组的定义

结构体数组的定义与结构体变量的定义方法相似，只需将"变量名"用"数组名［长度］"代替即可。结构体数组的定义方式也有 3 种。

1. 先定义结构体类型再定义结构体数组

一般格式：

```
struct 结构体名
{
    ……
};
struct 结构体名 结构体数组名[长度];
```

例如，针对表 9-1 所示的学生信息表，定义表示学生信息的结构体数据类型如下：

```
struct Stu                  /*定义结构体数据类型 struct Stu*/
{
    int num;                /*学号为整型*/
    char name[15];          /*姓名为字符数组*/
    float chinese;          /*语文成绩*/
    float math;             /*数学成绩*/
    float english;          /*英语成绩*/
};
```

若该班有 30 个学生，则需定义 30 个结构体变量，此时可定义结构体数组来存储学生信息，即

```
struct Stu s[30];           /*定义结构体数组*/
```

其中，s[0]，s[1]，…，s[29] 表示 30 个学生变量。

2. 定义结构体类型的同时定义结构体数组

一般格式：

```
struct 结构体名
{
    ……
}结构体数组名[长度];
```

例如：

```
struct Stu
{
    int num;                /*学号为整型*/
    char name[15];          /*姓名为字符数组*/
    float chinese;          /*语文成绩*/
    float math;             /*数学成绩*/
    float english;          /*英语成绩*/
}s[30];                     /*定义结构体数组*/
```

3. 匿名结构体数组定义

一般格式：

```
struct
{
    ……
}结构体数组名[长度];
```

例如：

```
struct
{
    int num;                /*学号为整型*/
    char name[15];          /*姓名为字符数组*/
    float chinese;          /*语文成绩*/
    float math;             /*数学成绩*/
    float english;          /*英语成绩*/
}s[30];                     /*定义结构体数组*/
```

9.2.2 结构体数组的使用

1. 结构体数组的赋值

结构体数组也可在定义时赋值，即结构体数组的初始化。例如：

```
struct Stu s[30]={{202201,"Weihua",80,85,80},
                  {202202,"Lisa",85,90,94},
                  {202203,"Hanmeimei",80,89,78}};
```

> **说明：**

系统在编译时，将第一个大括号中的数据赋给 s[0]，第二个大括号中的数据赋给 s[1]，依此类推。本例中对结构体数组 s[30] 的前 3 个元素进行赋值，其他未被指定初始值的，数值型数组元素成员被系统初始化为 0，字符型数组元素成员被系统初始化为 '\0'，指针型数组元素成员被系统初始化为 NULL。初始化后的数组 s[30] 如图 9-2 所示。

	num	name[15]	chinese	math	english
s[0]	202101	Weihua	80	85	80
s[1]	202102	Lisa	85	90	94
s[2]	202103	Hanmeimei	80	89	78
⋮					
s[29]	0	\0	0	0	0

图 9-2　结构体数组

如果用于赋值的数据的个数与定义数组元素的个数相等，则数组元素的个数可以不写，例如：

```
struct Stu s[3]={{…},{…},{…}};
```

可以写成：

```
struct Stu s[]={{…},{…},{…}};
```

系统编译时，会根据给出初值的结构体常量的个数来确定数组元素的个数。

2. 结构体数组的引用

一个结构体数组的元素相当于一个结构体变量，引用结构体变量的规则也适用于结构体数组元素。

引用结构体数组中某个元素的一个成员，用以下形式：

```
数组元素.成员名
```

例如：

```
stu[i].num;          /*序号为 i 的数组元素中的 num 成员*/
```

【**案例 9-2**】学生信息管理系统项目中结构体数组应用举例。

【**案例描述**】

已知 3 名学生各自的语文成绩，计算这 3 名学生的语文平均成绩。

【代码编写】

```c
#include <stdio.h>
struct Stu
{
    int num;                    /*学号为整型*/
    char name[15];              /*姓名为字符数组*/
    float chinese;              /*语文成绩*/
    float math;                 /*数学成绩*/
    float english;              /*英语成绩*/
};
void main()
{
    int i;
    float sum=0.0;
    struct Stu s[30]={{202201,"Weihua",80,85,80},
                      {202202,"Lisa",85,90,94},
                      {202203,"Hanmeimei",80,89,78}
                     };                          /*对结构体数组进行初始化*/
    for(i=0;i<3;i++)
        sum=sum+s[i].chinese;                    /*计算3名学生的语文成绩总和*/
    printf("3名学生语文的平均成绩为:%5.1f\n",sum/3.0);  /*输出平均成绩*/
}
```

【运行结果】

【案例分析】

本案例中定义了一个结构体类型 struct Stu,其共有 5 个成员,其中 chinese 成员表示语文成绩。在 main() 主函数中定义一个结构体数组并赋值,每个元素是一名学生的信息。想要计算 3 名学生的语文平均成绩,用 for 语句将 3 名学生的 chinese 成员值逐个累加,求出 3 名学生的语文成绩总和 sum,然后除以 3 并输出结果。

9.3 结构体指针:学生信息管理系统中的应用

一个结构体变量在内存中占据一段连续的存储单元,这段内存单元的首地址就是该结构体变量的指针。在实际应用中,可以定义一个指针变量,用来指向一个结构体变量。此时,该指针变量的值是结构体变量的首地址,可以使用该指针来引用结构体中各成员项。

9.3.1 指向结构体变量的指针

指向结构体变量的指针变量简称结构体指针变量，其定义的一般形式如下：

```
struct 结构体名 *结构体指针变量名；
```

例如：

```
struct Stu *p;          /*定义指针变量p,指向struct Stu类型的变量*/
```

这里只是定义了一个指向 struct Stu 结构体类型的指针变量 p，但此时的 p 并没有指向一个确定的存储单元，其值是一个随机值。为使 p 指向一个确定的存储单元，需要对指针变量进行初始化。例如：

```
struct Stu S1;          /*定义结构体变量S1*/
struct Stu *p=&S1;      /*定义指针变量p,指向结构体变量S1*/
```

C 语言规定了两种用于访问结构体成员的运算符：成员运算符、指向运算符。

（1）成员运算符也称圆点运算符。其访问形式：

```
(*结构体指针变量名).成员名
```

由于成员运算符"."比指针运算符"*"的优先级高，因此"*结构体指针变量名"必须用括号括起来。

（2）指向运算符也称箭头运算符。其访问形式：

```
指向结构体的指针变量名->成员名
```

指向运算符很简洁，更常用。

如果给结构体变量 S1 中的 num 成员赋值 202201，p 是一个指向结构体变量 S1 的指针，那么可以使用以下 3 种方法：

```
S1.num=202201;          /*使用成员运算符访问结构体成员*/
(*p).num=202201;        /*因为p指向结构体变量S1,因此,*p等于S1*/
p->num=202201;          /*使用指向运算符访问结构体成员*/
```

【案例 9-3】学生信息管理系统项目中指向结构体变量的指针应用。

【案例描述】

通过指向结构体变量的指针变量，输出结构体变量中成员的信息。

【代码编写】

```
#include <stdio.h>
struct Stu                      /*定义结构体数据类型struct Stu*/
```

```c
{
    int num;                    /*学号为整型*/
    char name[15];              /*姓名为字符数组*/
    float chinese;              /*语文成绩*/
    float math;                 /*数学成绩*/
    float english;              /*英语成绩*/
};
void main()
{
    struct Stu S1;              /*定义 struct Stu 类型的变量*/
    struct Stu * p;             /*定义指向 struct Stu 类型变量的指针*/
    p=&S1;                      /*指针变量 p 指向结构体变量 S1*/
    S1.num=202201;              /*给结构体变量 S1 中的 num 成员赋值*/
    strcpy(S1.name,"Weihua");   /*给结构体变量 S1 中的 name 成员赋值*/
    S1.chinese=80;              /*给结构体变量 S1 中的 chinese 成员赋值*/
    S1.math=85;                 /*给结构体变量 S1 中的 math 成员赋值*/
    S1.english=80;              /*给结构体变量 S1 中的 english 成员赋值*/
    printf("学号:%d\t姓名:%s\t语文成绩:%.2f\t数学成绩:%.2f\t英语成绩:%.2f\n",p->num,
p->name,p->chinese,p->math,p->english);   /*使用指向运算符访问结构体成员*/
    printf("学号:%d\t姓名:%s\t语文成绩:%.2f\t数学成绩:%.2f\t英语成绩:%.2f\n",(*p).num,
(*p).name,(*p).chinese,(*p).math,(*p).english);  /*使用成员运算符访问结构体成员*/
}
```

【运行结果】

【案例分析】

本案例中首先定义一个结构体类型 struct Stu，然后定义一个 struct Stu 类型的变量 S1，同时定义一个结构体指针变量 p，使它指向结构体变量 S1。此时，将结构体变量的首地址赋值给指针变量 p，如图 9-3 所示，然后对 S1 的各成员赋值。最后，使用 printf() 函数输出 S1 中各成员的值。可以看到，两个 printf() 函数输出的结果是相同的。

图 9-3 指针 p 与结构体变量的关系

9.3.2 指向结构体数组的指针

结构体指针变量可以指向一个结构体变量，也可以指向一个结构体数组，此时将该数组的首地址赋值给结构体指针变量。

例如：

```
struct Stu s[30],*p;           /*定义结构体数组s[30]和指针变量p*/
p=s;                           /*使指针变量p指向结构体数组的首地址*/
```

其中，语句"p=s;"的功能是使指针p指向数组s的首地址，也就是p指向s[0]。p只能指向一个结构体类型，不能指向某成员。例如，语句"p=s[0].name;"是错误的。

【案例9-4】 学生信息管理系统项目中指向结构体数组的指针的应用。

【案例描述】

有3个学生的信息，存放在结构体数组中，要求用指针变量输出这3名学生的全部信息。

【代码编写】

```c
#include <stdio.h>
struct Stu                     /*定义结构体数据类型struct Stu*/
{
    int num;                   /*学号为整型*/
    char name[15];             /*姓名为字符数组*/
    float chinese;             /*语文成绩*/
    float math;                /*数学成绩*/
    float english;             /*英语成绩*/
};
void main()
{
    struct Stu s[3]={{202201,"Weihua",80,85,80},
                    {202202,"Lisa",85,90,94},
                    {202203,"Hanmeimei",80,89,78}
                   };          /*对结构体数组进行初始化*/
    struct Stu *p;             /*定义指向struct Stu类型变量的指针*/
    for(p=s;p<s+3;p++)         /*循环3次*/
    {
        printf("学号:%d\t姓名:%s\t语文成绩:%.2f\t数学成绩:%.2f\t英语成绩:%.2f\n",p->num,p->name,p->chinese,p->math,p->english);   /*使用指向运算符访问结构体成员*/
    }
}
```

【运行结果】

【案例分析】

本案例中首先定义一个结构体类型struct Stu，在main()主函数中定义一个结构体数组并赋值，又定义了一个结构体指针变量 p。然后，使用 for 语句循环输出这 3 名学生的全部信息。在 for 语句中，"p = s" 为 p 赋初值为结构体数组 s 的首地址，也就是 p 指向 s[0]，如图 9-4 所示。在第一次循环中，输出 s[0] 的各个成员值；然后，执行语句"p++"，使 p 自加 1，即执行 p++ 后 p 的值等于 s+1，也就是指向 s[1]。在第二次循环中，输出 s[1] 的各个成员值，再执行语句"p++"，p 的值等于 s+2，也就是指向 s[2]。在第三次循环中，输出 s[2] 的各个成员值，再执行语句"p++"，p 的值等于 s+3，不满足循环条件，循环结束。

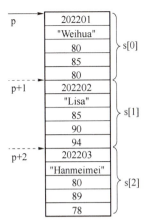

图 9-4　指针 p 与结构体数组的关系

9.3.3　结构体作为函数参数

与其他数据类型一样，结构体类型也可以作为函数参数的类型和返回值的类型。将一个结构体变量的值传递给另一个函数，有以下 3 种方式。

（1）用结构体变量成员作函数参数。例如，用 s[0].num 作函数实参，将实参值传给形参。这种方法的用法与用普通变量作实参是一样的，属于"值传递"方式，在函数内部对其进行操作，不会引起结构体变量成员值的变化，这种传递方式使用较少。

（2）用结构体变量作实参。用结构体变量作实参时，采取的也是"值传递"方式，将结构体变量所占的内存单元的内容全部顺序传递给形参，形参也必须是相同类型的结构体变量。在函数调用期间，形参也要占用内存单元。这种传递方式在空间和时间上开销大。此外，由于采用值传递方式，如果在执行被调用函数期间改变了形参的值，则该值不能返回主调函数，这往往造成使用上的不便。因此，一般也较少使用这种方式。

（3）用指向结构体变量（或数组）的指针作实参。其实质是将结构体变量（或数组）的地址传给形参，因此采用的是"地址传递"方式，所以在函数内部对形参结构体成员值的修改，将影响实参结构体成员的值。这种方法应用得较多。

【案例 9-5】学生信息管理系统项目中输出全部学生的信息。

【案例描述】

有 3 名学生的信息，存放在结构体数组中，要求在 main() 主函数中赋初始值，然后在另一函数 display() 中将它们打印输出。

【代码编写】

```
#include <stdio.h>
struct Stu                      /*定义结构体数据类型 struct Stu*/
{
    int num;                    /*学号为整型*/
    char name[15];              /*姓名为字符数组*/
    float chinese;              /*语文成绩*/
    float math;                 /*数学成绩*/
```

```
        float english;                    /*英语成绩*/
    };
    void display(struct Stu s[])          /*定义display()函数用于输出信息*/
    {
        struct Stu *q;                    /*定义指向struct Stu类型变量的指针*/
        for(q=s;q<s+3;q++)                /*循环3次*/
        {
            printf("学号:%d\t姓名:%s\t语文成绩:%.2f\t数学成绩:%.2f\t英语成绩:%.2f\n",q->num,
q->name,q->chinese,q->math,q->english);   /*输出结构体成员信息*/
        }
    }
    void main()
    {
        struct Stu s[3]={{202201,"Weihua",80,85,80},
                        {202202,"Lisa",85,90,94},
                        {202203,"Hanmeimei",80,89,78}
                        };                /*对结构体数组进行初始化*/
        struct Stu *p=s;                  /*定义指向struct Stu类型变量的指针并赋值*/
        display(p);                       /*调用display()函数*/
    }
```

【运行结果】

【案例分析】

本案例是案例9-4的改编，编程思路与其相似，printf()函数输出的结果也是相同的。它是在main()主函数中赋初始值，然后使用结构体数组作函数实参，在自定义函数display()中输出3名学生的全部信息。

9.4 链表：学生信息管理系统中的动态链表建立

用数组存放数据时，必须事先定义数组长度（元素个数），它是事先固定的。例如，有的班级有30人，而有的班级有50人，如果要用同一数组先后存放不同班级的学生数据，则必须定义数组的长度为50。另外，如果事先不知道一个班级的最多人数，则必须把数组定义得足够大，以便存放任何班级的学生数据，显然这会浪费很多存储空间。要解决这一问题，可采用链表。链表是一种常见的动态存储的数据结构，它根据需要开辟内存单元。

9.4.1 链表概述

链表是数据在内存中的一种存储方法，它可以动态分配存储单元。图9-5所示是一种最简单的链表（单链表）的结构。

图9-5 单链表

链表有一个"头指针"变量，图中以head表示，它存放一个地址，该地址指向链表中的第一个元素。链表中每个元素称为"节点"，图中有4个节点，每个节点都包括两部分——数据域和指针域。其中，数据域用来存储用户需要使用的实际数据，指针域用来存储下一个节点的地址。头指针head指向第一个节点，第一个节点又指向第二个节点……直到最后一个节点，该节点不再指向其他节点，称其为"表尾"，表尾的地址部分为"NULL"（表示"空地址"），链表到此结束。

链表中各元素在内存中可以不连续存放。要查找某一元素，必须先找到其上一个元素，根据它的指针域找到下一个元素的存储地址。由此可见，如果不提供"头指针"（head），整个链表都无法访问。这种链表的数据结构必须利用指针变量才能实现，即一个节点中应包含一个指针变量，用它存放下一个节点的地址。

结构体变量作链表中的节点最为合适。一个结构体变量包含若干成员，这些成员可以是数值类型、字符类型、数组类型，也可以是指针类型，利用指针类型成员来存放下一个节点的地址。例如：

```
struct Stu                    /*声明结构体类型*/
{
    int score;                /*成绩为整型*/
    struct Stu * next;        /*指向下一节点的指针*/
};
```

以上定义了一个数据域为int型变量的节点类型，next是指针类型的成员，它是指向下一节点的指针。因此，它的数据类型就是本结构体类型。

一个链表就是由内存中若干个struct Stu类型的结构体变量构成的。在实际应用中，链表的数据域不限于单个的整型、实型或字符变量，它可能由若干个成员变量组成。

【案例9-6】学生信息管理系统项目中建立一个学生数据的简单链表，输出各个节点中的数据。

【案例描述】

建立一个如图9-5所示的简单链表，它由4名学生成绩数据的节点组成；输出各节点中的数据。

【代码编写】

```c
#include <stdio.h>
struct Stu                                  /*声明结构体类型 struct Stu*/
{
    int score;
    struct Stu *next;
};
void main()
{
    struct Stu s1,s2,s3,s4,*p;
    struct Stu *head=&s1;                   /*定义头指针 head 并赋值为节点 s1 的首地址*/
    s1.score=80;s1.next=&s2;                /*对节点 s1 的 score 和 next 成员赋值*/
    s2.score=85;s2.next=&s3;                /*对节点 s2 的 score 和 next 成员赋值*/
    s3.score=90;s3.next=&s4;                /*对节点 s3 的 score 和 next 成员赋值*/
    s4.score=94;s4.next=NULL;               /*对节点 s4 的 score 和 next 成员赋值*/

    p=head;                                 /*(使指针变量 p 指向头指针 head,即)使 p 指针指向 S1 节点*/
    while(p!=NULL)                          /*当不是最后一个节点时循环*/
    {
        printf("成绩为:%d\n",p->score);     /*输出成绩*/
        p=p->next;                          /*使指针 p 指向下一节点*/
    }
}
```

【运行结果】

【案例分析】

在本案例中,首先定义一个结构体类型,其成员包括 score 和 next。开始时,使 head 指向 s1 节点,s1.next 指向 s2 节点,s2.next 指向 s3 节点,s3.next 指向 s4 节点,这就形成了链表。"s4.next=NULL"表示不指向其他任何节点。在输出链表时要借助 p,先使 p 指向 s1 节点,然后输出 s1 节点中的数据,"p=p->next"是为输出下一个节点做准备。p->next 的值是 s2 节点的地址,因此执行"p=p->next"后 p 就指向 s2 节点,所以在下一次循环时输出的是 s2 节点中的数据。每执行一次循环,p 下移一个节点,直到链表的尾节点。

该实例比较简单,所有节点(结构体变量)都是在程序中定义的,一旦确定就不会改变,这种链表称为"静态链表"。

9.4.2 处理动态链表的函数

前面已介绍，链表结构动态地分配存储单元，即在需要时才开辟一个节点的存储单元。怎样动态地开辟和释放存储单元呢？C 语言编译系统的库函数提供了以下有关函数。

1. malloc( ) 函数

函数原型：

> void * malloc(unsigned int size);

其作用是在内存的动态存储区中分配一个长度为 size 的连续空间；其参数是一个无符号整型数，返回值是一个指向所分配的连续存储区域的起始地址的指针。例如：

> malloc(16);　　　　/*开辟16字节的临时分配域,函数值为其第1字节的地址*/

提示：

指针的基类型为 void，即不指向任何类型的数据，只提供一个地址。如果此函数未能成功分配存储空间（如内存不足），就会返回一个空指针（NULL）。

2. calloc( ) 函数

函数原型：

> void * calloc(unsigned n,unsigned size);

其作用是在内存的动态存储区中分配 n 个长度为 size 的连续空间。函数返回一个指向分配域起始地址的指针；如果分配不成功，就返回 NULL。

采用 calloc( ) 函数，可以为一维数组开辟动态存储空间，n 为数组元素个数，每个元素长度为 size。例如：

> p=calloc(30,4);　　　　/*开辟30×4字节的临时分配域,把起始地址赋给指针变量p*/

3. free( ) 函数

由于内存区域有限，不能无限制地分配下去，而且一个程序要尽量节省资源，因此当所分配的内存区域不被使用时，就要释放它，以便其他变量或者程序使用。这时我们就要用到 free( ) 函数。

函数原型：

> void free(void * p);

其作用是释放由 p 指向的内存区，使这部分内存区能被其他变量使用。p 是最近一次调用 calloc( ) 或 malloc( ) 函数时返回的值，free( ) 函数无返回值。例如：

> free(p);　　　　/*释放指针变量p所指向的已分配的动态空间*/

4. realloc( )函数

如果已经通过 malloc( ) 函数或 calloc( ) 函数获得了动态空间，要想改变其大小，就可以用 realloc( ) 函数重新分配。

函数原型：

```
void *realloc(void *p,unsigned int size);
```

其作用是将 p 指向的动态空间的大小改变为 size，p 的值不变，如果重新分配不成功，就返回 NULL。例如：

```
realloc(p,50);              /*将p所指向的已分配的动态空间改为50字节*/
```

注意：

malloc( )、calloc( )、free( )和 realloc( )这 4 个函数的声明在 stdlib.h 头文件中，在用到这些函数时需要用"#include <stdlib.h>"命令将头文件包含到程序文件中。

9.4.3 建立动态链表

建立动态链表是在程序执行过程中从无到有地建立起一个链表，即一个一个地开辟节点和输入各节点数据，并建立起前后相连的关系。

【案例 9-7】 学生信息管理系统项目中建立一个学生数据的单向动态链表，输出各个节点中的数据。

【案例描述】

建立一个 N 个节点的链表，存放学生数据（我们假定学生数据结构中只有学号和成绩两项），并输出各节点中的数据。

【代码编写】

```c
#include <stdio.h>
#include <stdLib.h>                    /*包含动态内存分配函数的头文件*/
#define N 5                            /*单链表中节点的个数(不包括头节点)*/
#define LEN sizeof(struct Stu)         /*struct Stu 类型数据的长度*/
struct Stu
{
    int num;
    float score;
    struct Stu *next;
};
struct Stu *creat()                    /*定义函数,用于创建单链表*/
{
    struct Stu *head,*s,*r;     /*head为头指针,s指向当前节点,r指向当前节点的前一个节点*/
    int i;
    r=head=(struct Stu *)malloc(LEN);  /*开辟一个新单元*/
```

```c
    for(i=0;i<N;i++)
    {
        s=(struct Stu *)malloc(LEN);
        printf("请输入学号和成绩:\n");
        scanf("%d%f",&s->num,&s->score);    /*从键盘读入数据,存入当前节点的数据域*/
        r->next=s;                           /*将r的指针域指向s,形成单链表*/
        r=s;                                 /*r指向s节点*/
    }
    r->next=NULL;                            /*r为尾节点,其next指向为NULL*/
    return head;                             /*返回单链表的头指针*/
}
void printList(struct Stu *head)             /*输出链表元素*/
{
    struct Stu *p;
    p=head->next;                            /*p指向第一个节点的next*/
    while(p!=NULL)                           /*当p不为NULL时循环*/
    {
        printf("%d %.2f\n",p->num,p->score); /*输出p所指节点的数值*/
        p=p->next;                           /*使p后移一个节点*/
    }
    printf("\n");
}
void main()
{
    struct Stu *s;                           /*定义结构体指针变量s*/
    printf("请输入%d个整型数,建立单链表:\n",N);
    s=creat(N);                              /*调用creat()函数创建单链表*/
    printf("建立的包含%d个元素的单链表如下:\n",N);
    printList(s);                            /*调用printList()函数输出链表*/
}
```

【运行结果】

```
请输入5个整型数,建立单链表:
请输入学号和成绩:
202201 80
请输入学号和成绩:
202202 85
请输入学号和成绩:
202203 90
请输入学号和成绩:
202204 94
请输入学号和成绩:
202205 95
建立的包含5个元素的单链表如下:
202201 80.00
202202 85.00
202203 90.00
202204 94.00
202205 95.00
Press any key to continue
```

【案例分析】

本案例在 main( )主函数中调用两个函数：一个是 creat( )函数，用于创建单链表，另一个是 printList( )函数，用于输出单链表。

在 creat( )函数中设有 3 个 struct Stu 型指针变量：head 为头指针；s 为指向当前节点的指针；r 为指向当前节点前一个节点的指针。首先，用 malloc( )函数开辟第一个节点，并使 head、r 指向新开的节点；接着，在 for 循环中再用 malloc( )函数开辟一个新节点，s 指向该节点，从键盘输入 s 节点的学生数据，让 r 的 next 指向 s，形成单链表；然后，r 再指向 s 节点；循环建立 N 个节点的单链表，将尾节点的 next 指向为 NULL，creat( )函数返回 head 的值，也就是链表的头指针。

在 printList( )函数中设有一个 struct Stu 型指针变量 p。首先，p 指向第一个节点的 next，循环输出 p 所指节点的学生数据；然后，p 指向下一个节点，再输出，直到 p 指向尾节点，循环结束。

9.5 共用体：学生信息管理系统中的定义与使用

共用体也称联合体（union），是将不同类型的数据存放于同一段内存单元中的一种构造数据类型。与结构体类似，在共用体内可以定义多种不同数据类型的成员；它与结构体不同的是，共用体类型变量所有成员共用一块内存单元。虽然每个成员都可以被赋值，但只有最后一次赋予的成员值能被保存且有意义，前面赋予的成员值被后面赋予的成员值所覆盖。

9.5.1 共用体类型、共用体变量的定义

共用体类型的定义方法与结构体类型相似，只是关键字变为了 union。其一般形式：

```
union 结构体名
{
    数据类型 成员名1;
    数据类型 成员名2;
          ⋮
    数据类型 成员名n;
};
```

例如：

```
union data
{
    int i;
    char ch;
    float f;
};
```

共用体变量的定义和结构体变量的定义也相似，可以先定义共用体类型再定义变量。例如：

```
union data a,b,c;        /*定义共用体变量 a,b,c */
```

也可以在定义共用体类型的同时定义变量。例如：

```
union data
{
    int i;
    char ch;
    float f;
}a,b,c;
```

9.5.2 共用体变量的使用

对共用体变量的赋值、引用都是对变量的成员进行的。共用体变量的成员表示：

共用体变量.成员名

例如，前面定义了共用体类型的变量 a，可以使用下面语句：

```
x=a.i;                   /*引用共用体变量 a 中的整型成员 i */
s=a.ch;                  /*引用共用体变量 a 中的字符型成员 ch */
printf("%f",a.f);        /*输出共用体变量 a 中的浮点型成员 f */
```

使用共用体类型数据时，要注意以下几点：

（1）同一内存段可以用来存放几种不同类型的成员，但在每一瞬间只能存放其中一种，而不是存放几种。

（2）共用体类型的变量中，只有最后一次被赋值的成员是有意义的。
例如：

```
a.i=10;
a.f=10.5;
/*最后"a.f=10.5;"是有效的,而"a.i=10;"已经无意义了 */
```

（3）共用体类型变量的地址和它的各成员的地址是同一个地址，即 &a、&a.i、&a.ch、&a.f 是同一个地址，但它们的类型不同。

（4）既不能对共用体变量名赋值，也不能依靠引用变量名来得到一个值，还不能在定义共用体变量时对它初始化。例如，下面这些都是错误的：

```
union data
{
    int i;
    char ch;
```

```
        float f;
    }a={1,'a',1.5};                    /*不能初始化*/
    a=1;                               /*不能对共用体变量名赋值*/
    m=a;                               /*也不能引用共用体变量名来得到一个值*/
```

（5）共用体类型既可以出现在结构体类型的定义中，也可以定义共用体数组；反之，结构体可以出现在共用体类型的定义中，数组也可以作为共用体的成员。

【案例9-8】 学生信息管理系统项目中建立并输出学生和教师的信息表。

【案例描述】

建立并输出学生和教师的信息表，表中包括编号、姓名、性别、职业和类别。如果职业是"学生"，则类别一栏填对应的班级；如果职业是"教师"，则类别栏填对应的职称。

【代码编写】

```c
#include <stdio.h>
#include <string.h>
#define N 2
struct man
{
    int num;
    char name[15];
    char sex[4];
    char job[10];
    union
    {
        int level;
        char position[10];
    }category;
}person[N];
void main()
{
    int i;
    printf("请输入%d个人员的数据：\n",N);
    for(i=0;i<N;i++)
    {
        scanf ("%d%s%s%s",&person[i].num,&person[i].name,&person[i].sex,&person[i].job);
        if (strcmp(person[i].job,"学生") == 0)
            scanf("%d", &person[i].category.level);
        else if (strcmp(person[i].job,"教师") == 0)
            scanf("%s", &person[i].category.position);
        else
            printf("输入错误！\n");
    }
```

```
        printf("\n");
        printf("num\tname\tsex\tjob\tlevel/position\n");
        for(i=0;i<N;i++)
        {
            if(strcmp(person[i].job,"学生")==0)
        printf("%-6d%-9s%-6s%-10s%-6d\n",person[i].num,person[i].name,
person[i].sex,person[i].job,person[i].category.level);
        else
        printf("-6d%-9s%-6s%-10s%-6s\n",person[i].num,person[i].name,
person[i].sex,person[i].job,person[i].category.position);
        }
    }
```

【运行结果】

【案例分析】

本案例要求输入人员的信息，然后输出。以一名学生、一名教师为例进行分析。因为学生和教师所包含的数据是不同的，显然对第 5 项（类别）可以用共用体来处理，将 level（班级）和 position（职称）放在同一段内存中。所以在程序中首先定义一个结构体类型 struct man，在结构体类型中有一个共用体类型成员 category（类别），这个共用体的成员一个为整型变量 level，一个为字符数组 position。在 main() 主函数中输入人员的信息，如果输入人员的 job（职业）是学生，那么第 5 项为 level，"Weihua" 所在的班级为 "601"；如果输入人员的 job（职业）是教师，那么第 5 项为 position，"Marry" 的职称是 "教授"。

9.6 枚举类型：学生信息管理系统中的定义与使用

如果一个变量只有几种可能的取值，则可以将其定义为枚举类型。所谓枚举，是指将变量的值一一列举，变量的值只限于列举出来的值的范围内。

9.6.1 枚举类型及变量的定义

枚举类型定义用 enum 开头。其一般形式：

enum 枚举名{枚举值表};

其中，枚举名应遵循标识符的命名规则；在枚举值表中应罗列所有可用值，这些值也称为枚举元素。例如：

```
enum weekday{sun,mon,tue,wed,thu,fri,sat};
```

其定义了一个枚举类型 enum weekday，其中 weekday 为枚举名，sun,mon,…,sat 等称为枚举元素或枚举常量。凡被说明 weekday 类型变量的取值只有 7 种，即 sun,mon,…,sat 中的某一个。

枚举变量的定义与结构体和共用体一样，有以下三种定义方式：
第 1 种：先定义枚举类型，再用枚举类型定义枚举变量。
第 2 种：定义枚举类型的同时定义变量。
第 3 种：直接定义枚举类型变量而不指定枚举名。

例如，设有变量 a、b、c 被定义为上述举例的 weekday 类型，可采用这三种方式定义枚举变量如下：

```
/*第1种*/
enum weekday{sun,mon,tue,wed,thu,fri,sat};
enum weekday a,b,c;
/*第2种*/
enum weekday{sun,mon,tue,wed,thu,fri,sat}a,b,c;
/*第3种*/
enum {sun,mon,tue,wed,thu,fri,sat}a,b,c;
```

9.6.2 枚举变量的使用

在枚举类型的使用中，有以下几点说明：

（1）枚举值是常量，不是变量，不能在程序中用赋值语句再对它们赋值。例如，下面这些语句都是不对的：

```
sun=5;
mon=2;
sun=mon;
```

（2）枚举元素作为常量，它们是有值的。C 语言编译按定义时的顺序，使它们的值从 0 开始依次递增。例如，在 weekday 中，sun 的值为 0，mon 的值为 1，……，sat 的值为 6。也可以在定义时改变枚举元素的值，例如：

```
enum weekday{sun=7,mon=1,tue,wed,thu,fri,sat}workday,weekend;
```

指定 sun 的值为 7、mon 的值为 1，以后顺序依次递增，因此 sat 为 6。

（3）枚举值可以用来做判断比较。例如：

```
if(workday==mon)…
if(workday>mon)…
```

【案例 9-9】 学生信息管理系统项目中枚举类型的应用。

【案例描述】

使用枚举类型实现从键盘输入数字星期，输入数字在 1~7 之间，输出该数字对应的英文星期表示。

【代码编写】

```c
#include <stdio.h>
void main()
{
    int a;                                          /*变量 a 是整型表示星期数*/
    enum weekday{sun=7,mon=1,tue,wed,thu,fri,sat};  /*变量 weekday 的类型为枚举型 enum*/
    printf("请输入一个整数(1~7):");                 /*输出提示信息*/
    scanf("%d",&a);                                 /*输入星期的数字*/
    switch(a)                                       /*switch 语句判断*/
    {
    case mon:printf("Monday\n");break;              /*a 值为 1 时输出 Monday 并跳出 switch*/
    case tue:printf("Tuesday\n");break;             /*a 值为 2 时输出 Tuesday 并跳出 switch*/
    case wed:printf("Wednesday\n");break;           /*a 值为 3 时输出 Wednesday 并跳出 switch*/
    case thu:printf("Thursday\n");break;            /*a 值为 4 时输出 Thursday 并跳出 switch*/
    case fri:printf("Friday\n");break;              /*a 值为 5 时输出 Friday 并跳出 switch*/
    case sat:printf("Saturday\n");break;            /*a 值为 6 时输出 Saturday 并跳出 switch*/
    case sun:printf("Sunday\n");break               /*a 值为 7 时输出 Sunday 并跳出 switch*/
    default:printf("输入错误!\n");break;
    }
}
```

【运行结果】

【案例分析】

本案例定义了一个枚举类型 enum weekday，枚举值共有 7 个，即一周的七天。注意：在定义时，定义了 sun 的值为 7、mon 的值为 1，以后顺序依次递增。然后，使用 switch 语句，根据输入的数字来判断输出星期几的英文。

9.7 用 typedef 定义类型

除了可以直接使用 C 语言提供的标准类型名（如 int、char、float、double、long 等）和自定义的结构体、共用体、指针和枚举类型外，还可以用 typedef 定义新的类型名来代替已有的类型名。

定义一个新类型名的一般形式：

```
typedef 类型名 新类型名;
```

关键字 typedef 用于为系统固有的（或自定义的）数据类型定义一个别名。数据类型的别名通常用大写字母表示，以便与系统提供的标准类型标识符相区别，但不是必须要求。

例如，有整型变量 a、b，其定义如下：

```
int a,b;
```

其中，int 是整型变量的类型说明符。int 的完整写法为 integer，为了增加程序的可读性，可把整型说明符用 typedef 定义为 INTEGER。例如：

```
typedef int INTEGER;           /* 为 int 数据类型定义了一个新名字 INTEGER */
```

然后就可以用 INTEGER 代替 int 作整型变量的类型说明。

```
INTEGER a,b;
```

如果在一个程序中，要用一个整型变量 i 来计数，可以定义如下：

```
typedef int COUNT;
COUNT i;
```

其中，用 typedef 声明 COUNT 来代替 int 型，然后将 i 定义为 COUNT 类型，因此 i 是整型，且可以更一目了然地知道它用于计数。

上述情况是简单地用一个新的类型名代替原有的类型名。

C 语言中不仅包括简单的类型（如 int 型、float 型等），还包括许多看起来比较复杂的类型（如结构体类型、共用体类型、枚举类型、指针类型、数组类型等）。有些类型的形式复杂，难以理解，容易写错，因此 C 语言允许程序设计者用一个简单的名字代替复杂的类型形式，主要有以下几种方式。

（1）命名一个新的类型名代表结构体类型。

```
typedef struct Stu
{
    int num;
    char name[20];
    char sex;
    int age;
    float score;
}STU;
```

或者：

typedef struct Stu STU;

以上两种定义方式是等价的，都是为 struct Stu 这种结构体数据类型定义一个新的名字 STU。利用 STU 定义结构体变量与利用 struct Stu 定义结构体变量是一样的，即下面两条语句是等价的：

```
STU S1,S2;                /* 定义结构体类型变量 S1 和 S2 */
struct Stu S1,S2;
```

（2）命名一个新的类型名代表数组类型。

```
typedef int NUM[100];     /* 声明 NUM 为整型数组类型 */
NUM a;                    /* 定义 a 为整型数组变量 */
```

（3）命名一个新的类型名代表指针类型。

```
typedef char * STRING;    /* 声明 STRING 为字符指针类型 */
STRING p,s[10];           /* 定义 p 为字符指针变量,s 为指针数组 */
```

（4）命名一个新的类型名代表指向函数的指针类型。

```
typedef int ( * POINTER)();  /* 声明 POINTER 为指向函数的指针类型,该函数的返回值为整型 */
POINTER p;                   /* p 为 POINTER 类型的指针变量 */
```

归纳起来，声明一个新的类型名的方法：
（1）按照定义变量的方法写出定义体，如"int a;"。
（2）将变量名换成新类型名，如"int INTEGER;"。
（3）在前面加上 typedef，如"typedef int INTEGER;"。
（4）可以用新类型名去定义变量，如"INTEGER a;"。

9.8 自定义数据类型在学生信息管理系统中的综合应用

【案例描述】

首先，按照学生成绩信息的组成定义结构体，输入各门课程成绩和德育积分，根据已知的公式求出文化积分和综合积分；然后按照学生的综合积分从高到低进行排名，并输出排名结果和奖学金获得者。

【代码编写】

```
#include <stdio. h>
#define N 6
```

```c
typedef struct Stu
{
    int num;                                /*学号*/
    char name[15];                          /*姓名*/
    float chinese;                          /*语文成绩*/
    float math;                             /*数学成绩*/
    float english;                          /*英语成绩*/
    float d_score;                          /*德育积分*/
    float w_score;                          /*文化积分*/
    double t_score;                         /*综合积分*/
}STU;
void main()
{
    STU s[N],temp;                          /*定义结构体数组*/
    int i,j;
    printf("请输入%d名学生的学号、姓名、语文、数学、英语、德育积分:\n",N);
    printf("--------------------------  \n");
    for(i=0;i<N;i++)
    {
        scanf("%d%s%f%f%f%f",&s[i].num,s[i].name,&s[i].chinese,
        &s[i].math,&s[i].english,&s[i].d_score);    /*输入学生信息*/
        s[i].w_score=(s[i].chinese+s[i].math+s[i].english)/3;  /*文化积分=所有课程成绩总和/门数*/
        s[i].t_score=s[i].w_score*0.7+s[i].d_score*0.3;
                                                /*综合积分=文化积分*70%+德育积分*30%*/
    }
    printf("--------------------------  \n\n");
    for(i=0;i<N-1;i++)                      /*冒泡排序法*/
        for(j=0;j<N-1;j++)
            if(s[j].t_score<s[j+1].t_score)    /*按照总积分由高到低排序*/
            {
                temp=s[j];
                s[j]=s[j+1];
                s[j+1]=temp;
            }
    printf("成绩排名(学号、姓名、文化积分、德育积分、综合积分):\n");
    printf("--------------------------  \n");
    for(i=0;i<N;i++)
        printf("%-10d %-10s %-10.2f %-10.2f %-10.2lf\n",s[i].num, s[i].name,s[i].w_score, s[i].d_score,s[i].t_score);
    printf("--------------------------  \n\n");
    printf("奖学金名单如下:\n");
    printf("--------------------------  \n");
    printf("一等奖学金获得者:%s\n",s[0].name);  /*排序后第一个位置是一等奖学金获得者,即s[0]*/
```

```
        printf("二等奖学金获得者:% - 10s % - 10s\n",s[1]. name,s[2]. name);
                                            /* 排序后第二、三个位置是二等奖学金获得者,即 s[1]、s[2] */
        printf("三等奖学金获得者:% - 10s % - 10s % - 10s\n",s[3]. name,
    s[4]. name,s[5]. name);                 /* 排序后第四-六位是三等奖学金获得者,即 s[3]、s[4]、s[5] */
        printf("- - - - - - - - - - - - - - - - - - - - - - - - - \n\n");
    }
```

【运行结果】

【案例分析】

本案例中命名一个新的类型名 STU 代表结构体类型 struct Stu。然后在 main( ) 主函数中利用 STU 定义一个结构体数组,利用 for 循环输入 10 名学生的各门成绩,并计算学生的文化积分和综合积分,利用冒泡排序法对学生的成绩进行排序,最后输出综合积分从高到低的排序结果和获得奖学金学生的名单。下标为 0 的学生获得一等奖学金,下标为 1 和 2 的学生获得二等奖学金,下标为 3、4、5 的学生获得三等奖学金。

9.9　小结

本章主要介绍了几种构造数据类型,包括结构体、共用体和枚举类型。通过对本章的学习,应重点掌握以下内容:
- 掌握结构体类型定义、结构体变量定义、结构体变量赋值和引用的方法。
- 掌握结构体数组和结构体指针的应用。
- 了解链表的定义和建立方法。
- 了解共用体类型、共用体变量的定义、共用体变量的赋值和引用的方法。
- 掌握枚举类型定义、枚举变量的应用。
- 掌握用 typedef 定义新类型的方法。

9.10 习题

1. 选择题。

（1）有以下说明语句：

```
struct Stu
{
    int num;
    char name[ ];
    float score;
}stu;
```

则下面的叙述不正确的是（　　）。

A. struct 是结构体类型的关键字　　　　B. struct Stu 是用户定义的结构体类型

C. num、score 都是结构体成员名　　　　D. stu 是用户定义的结构体类型名

（2）有以下定义：

```
struct st
{
    int a;
    float b;
}d;
int *p;
```

其中，要使 p 指向结构变量 d 中的 a 成员，正确的赋值语句是（　　）。

A. *p=d.a;　　　　B. p=&a;　　　　C. p=d.a;　　　　D. p=&d.a;

（3）有以下说明：

```
struct Stu
{
    char name[20];
    int age;
    char sex;
}b={"Weihua","20","m"},*p=&b;
```

则下面对字符串"Weihua"的引用方式不正确的是（　　）。

A. (*p).name　　　　B. p.name　　　　C. p->name　　　　D. a.name

（4）以下对 C 语言中共用体类型数据的叙述正确的是（　　）。

A. 可以对共用体变量名直接赋值

B. 共用体类型定义中不能出现结构体类型的成员
C. 一个共用体变量中可以同时存放其所有成员
D. 一个共用体变量中不能同时存放其所有成员

（5）下列程序的输出结果为（   ）。

```
main()
{
    struct data
    {   int year,month,day;}today;
    printf("%d\n",sizeof( struct date ) );
}
```

A. 6　　　　　　B. 8　　　　　　C. 12　　　　　　D. 10

（6）下列程序的输出结果为（   ）。

```
main()
{
    union un
      {
          char * name;
          int age；
          int pay；
      }s;
    s. name="zhaoming";
    s. age=32;
    s. pay=3000;
    printf("%d\n",s. age);
}
```

A. 32　　　　　　B. 3000　　　　　　C. 0　　　　　　D. 不确定

2. 程序设计题。

（1）定义一个结构体类型，成员包括学生的学号、姓名、性别、年龄和成绩，比较两名学生的成绩的全部信息，如果二者相等，则输出"得分相同！"。

（2）定义一个日期（年、月、日）的结构体变量，计算该日期在本年中是第几天？注意：应考虑闰年问题。

（3）定义一个描述学生成绩的共用体类型，一个成员是分数，另一个成员是等级（可能是优秀、良好、中等、及格和不及格）。

（4）13 人围成一圈，从第 1 个人开始顺序报号 1、2、3……，凡报到 3 者退出圈子。找出最后留在圈子中的人原来的序号。

（5）输入 10 名学生的姓名、学号和成绩，实现输出每门课程不及格学生名单，并通知补考。

第 10 章　预处理命令：学生信息管理系统的预处理命令应用

【学习目标】

- 掌握宏定义预处理命令的格式及使用方法
- 掌握文件包含预处理命令的格式及使用方法
- 掌握条件编译预处理命令的格式及使用方法
- 了解其他预处理命令的用途
- 掌握预处理命令在学生信息管理系统中的应用

预处理（也称为预编译）是指在真正编译处理之前所要完成的工作。指示编译器在程序正式编译前，完成预处理的相关操作。之后，编译器就会自动转入对源程序的编译任务。预处理命令在编写程序时，根据需要可放在程序中任何位置。

C 语言提供了丰富的预处理命令，并且全部以"#"引导，主要如下：

#define	宏定义
#undef	未定义宏
#include	文件包含
#ifdef	如果宏被定义就进行编译
#ifndef	如果宏未被定义就进行编译
#endif	结束编译块的控制
#if	如果表达式非零，就对代码进行编译
#else	作为其他预处理的剩余选项进行编译
#elif	这是一种#else 和#if 的组合选项
#line	改变当前的行数和文件名称
#error	输出一个错误信息
#pragma	为编译程序提供非常规的控制流信息

随着 C 及 C++的不断发展，特别是命名空间的使用，一些预编译命令不再常用，但是宏定义、文件包含和条件编译目前仍是不可替代的。

本章首先介绍宏定义预处理命令的格式及使用方法；其次，介绍文件包含预处理命令的格式及使用方法；再次，介绍条件编译预处理命令的格式及使用方法等；最后，将预处理命令综合应用于学生信息管理系统。

10.1 #define 在学生信息管理系统中的应用

计算机科学里的宏是一种抽象，是批量处理的称谓，是用一个名称按预先定义好的规则来替代一组指令、操作、动作、符号等。并在使用中完成从宏到其所替代内容的替换。C 语言源程序中常常用一个标识符表示一个符号串，这就是宏，所使用的标识符相应地称为"宏名"。编译器在编译的预处理阶段，会对程序中所有的宏名，用宏定义时指定的符号串进行替换，称其为宏替换或宏展开。2.2.5 节已介绍过宏定义及定义规则，本节在此基础上扩充无参宏和带参宏的定义及应用。

10.1.1 无参宏定义

无参宏定义的一般形式：

```
#define 标识符 符号串
```

其中，"#"表示一条预处理命令的开始；"define"为宏定义命令；"标识符"为宏名，习惯上采用大写字母，便于程序的阅读。"符号串"部分可以是常数、表达式、格式串、字符串等，但都只作为普通的一串符号看待。

例如：

```
#define PI 3.14
```

在以后的程序中就可以使用 PI 代表常量 3.14。

又如：

```
#define EXPRESS a+b*3/c
```

在以后的程序中就可以使用 EXPRESS 代表 a+b*3/c。

再如：

```
#define D "%d\n"
#define HELLO "Hello world"
```

在以后的程序中，就可以使用 D 代表格式化说明串"%d\n"，HELLO 代表"Hello world" 字符串。

💡 注意：

如果使用宏代表一个字符串，宏并不会把字符串另眼看待，字符串的双引号也是宏代符号串的一部分。字符串在各程序设计语言中有专门的指向，是不包括双引号在内的字符序列。在 C 语言中，还要以'\0'结尾，并且这个'\0'是在编译阶段为字符串分配内存空间时由编译器加入的。在预处理时，它并不存在。

还应注意，一行预处理命令的结尾是不用分号结尾的，但预替换的字符串结束一定要换行，宏名与符号串中间必须有一个（或几个）空格分隔。如果符号串的长度较长（通常大于一行时），可以用一个反斜杠表示续行，把一个长的符号串分成两行或多行。例如：

```
#define PI 3.141\
5926
#define LONGSTRING "take time off\
to beith your\
children"
```

其中，有续行的情况。在宏展开时，不会将"\"算在符号串中。上面这两个宏展开时，PI 会替换为 3.1415926，LONGSTRING 会替换为包括双引号的 "take time off to beith your children"。

宏定义用宏名来表示一个符号串，在宏展开时又以该符号串取代宏名。这只是一种简单的文本替换，预处理程序对它不作任何检查。如果其中有错误，只能在编译已被宏展开后的源程序时发现。

注意：应理解宏替换中"换"的概念，即在编译开始前，对程序代码中出现的所有宏名都被替换成宏定义时所指定的符号串，但程序代码中字符串里的宏名不会被替换。

【案例 10-1】学生信息管理系统项目中常用量的定义。

【案例描述】

在学生信息管理系统中使用宏，替换大量的重复性文字、完成相同的操作，以简化数据录入、修改等处理任务。

【代码编写】

```c
#include <stdio.h>
#define DSJGC   "大数据工程"
#define RJGC    "软件工程技术"
#define STU_SEX int a
#define TRUE 1
#define FALSE 0

int main()
{
    printf("宏常量的使用:%d %d\n",TRUE,TRUE+1);
    printf("专业:"DSJGC);
    printf("专业:%s\n",RJGC);
    STU_SEX;
    a=0;
    printf("STU_SEX   %d:代表女生 %d 代表男生",a,!a);
    return 0;
}
```

运行结果如下：

【案例分析】

注意 STU_SEX 这个宏，它要替换的是从"i"至最后一个"a"，即宏名之后第一个非空格字符到非"\"以外的换行符之前的所有字符，包括中间的空格。第二个 printf( ) 对格式化说明部分并列相邻的字符串进行合并，第三个 printf( ) 是正常的%s 格式化说明符的替换。由#define 定义的宏代表一个常量时，一般称为宏常量，这是程序中经常使用的一种方式，它带来的好处是，只需要在宏定义处改变预修改的常量值，程序中所有使用该宏常量的位置全部自动完成修改，不容易出现错、忘、漏等问题。另外，数组长度的定义也经常使用宏常量方式进行。

注意：

宏常量没有数据类型，所以宏常量与 const 常量是不同的。

宏名一般用大写字母表示，以便于与变量区别，但如果使用小写字母也不是错误。

宏定义末尾如果加分号，在替换时会连分号一并替换。

宏定义不分配内存，变量定义分配内存。

宏定义可以嵌套。例如：

```
#define ONE 1
#define TWO ONE+ONE
#define THREE ONE+TWO
```

如果在程序中有如下语句：

```
printf("% d\n",THREE);
```

则会在屏幕上打印出 3。

可用#undef 命令终止宏定义的作用域。格式如下：

```
#undef 宏名
```

由 undef 终止的宏名，在终止前的代码中是有效的，该条语句后的代码中此宏名不复存在。

其他使用方法：

（1）可用使用宏定义辅助数据类型说明，以便于书写方便。例如：

```
#define STU struct stu
```

在程序中可用 STU 作变量说明：

```
STU soft_class[50], * p;
```

又如：

```
#define INTEGER int
```

在程序中可用 INTEGER 作整型变量说明：

```
INTEGER a,b;
```

注意：用宏定义表示数据类型，既不是产生新的类型，也不是新的类型说明符。宏定义只是简单地作符号串代换，是在预处理完成的，一不小心就可能产生错误。与其类似的 typedef 也不产生新的类型，但是对类型说明符重新命名。被命名的标识符具有类型定义说明的功能。区别如下：

```
#define TP1 float *
typedef (int *) TP2;
```

用它们声明变量：

```
TP1 a,b;
```

在宏代换后变成：

```
float *a,b;
```

编译后，a 是指向浮点型的指针变量，而 b 是浮点型变量。
再如：

```
TP2 a,b;
```

编译后，a、b 都是指向整型的指针变量。因为 TP2 是一个 int * 类型说明符。

（2）对"输出格式"作宏定义，是宏定义的又一个使用方法。例如：

```
#define P printf
#define D "%d\n"
#define F "%f\n"
main()
{
    int a1=1, a2=2, a3=3;
    float b1=1.1, b2=2.2, b3=3.3;
    P(D F, a1,b1);
    P(D F, a2,b2);
    P(D F, a3,b3);
}
```

【运行结果】

10.1.2 带参宏定义

先看一个例子:

```
#include <stdio.h>
#define P x * y
int main()
{
    int x,y;
    scanf("% d% d",&x,&y);
    printf("% d",P);
    return 0;
}
```

在该程序中，宏可替换为 x 和 y 的乘法，其中 P 可以完成类似函数的功能，但是它有个严重的问题——必须先定义变量 x、y，并且每次使用 P 都必须事先把数值赋值给 x、y。那么，是否有办法让这个宏看上去更像一个函数，能比较自由地接收参数并完成计算呢? 幸运的是，C 语言提供了带有参数的宏定义，相应地可以定义一个称之为宏函数的宏。

带参宏定义的一般形式:

#define 宏名(形参表) 符号串

在符号串中含有各个形参。带参数的宏，完成预编译时不仅要宏展开，还要用实参代换形参。
带参宏调用的一般形式:

宏名(实参表);

上例可以改为:

```
#include <stdio.h>
#define M(x,y) x * y
int main()
{
    int a,b;
    scanf("% d% d",&a,&b);
    printf("% d",M(a,b));
    return 0;
}
```

在宏调用时，可以用变量、常量或者表达式代替形参 y，本例中的实参为 a、b，经预处理宏展开后的语句为

```
printf("% d",a * b);
```

对于带参的宏定义，需要说明如下：
（1）带参宏定义中，宏名和形参表之间不能有空格出现。
例如，把下述语句：

```
#define MAX(x,y)   (x>y)? x:y
```

错误地写为

```
#define MAX   (x,y)(x>y)? x:y
```

其结果是：宏名为 MAX，MAX 代表的符号串为 (x,y)(x>y)?x:y 的无参宏。如果有下面的调用语句：

```
z=MAX(a,b);
```

则编译预处理时将错误展开如下：

```
z=(x,y)   (x>y)? x:y(a,b);
```

（2）在带参宏定义中，形参没有类型，并且不分配内存单元，因此在调用时要注意通过实参进行类型控制。
实际上，展开过程中根本不存在传递参数的过程，形参换成实参后，再按宏符号串展开。
（3）宏定义中的形参是标识符，带参宏调用中的实参可以是表达式。
在使用带参宏时应特别注意，不能被宏名形式所"欺骗"，因为宏的展开并不能保证展开后的符号串像这个宏名一样是一个"独立的整体"。例如：

```
#include <stdio. h>
#define M(y)   y * y+3 * y
int main()
{
   int a,b;
   scanf("% d% d",&a,&b);
   printf("% d",M(a+b));
   return 0;
}
```

对此，可能有人会误认为 a+b 去替换 y，然后展开为

```
(a+b) * (a+b)+3 * (a+b)
```

不过，实际的展开结果是：

a+b*a+b+3*a+b

假设输入 a、b 分别为 2 和 3，则前一个式子结果为 40，而后一个式子的结果是 20。

因此，带参宏与函数的调用是不同的：函数调用会先求出实参表达式的值，再赋予形参；而宏展开对实参表达式不作任何处理，直接照原样替换。对上例改进一下：

#define M(y) (y)*(y)+3*(y)

假设再次输入 a、b 分别为 2 和 3，则结果为 40。那么是否就可以高枕无忧了呢？答案是否定的！例如，有如下定义：

#define M(x) x*x

并假设有这样的调用：

a=y/M(x);

通常期待的是 $a=\dfrac{y}{x \cdot x}$，但实际上结果是 $a=\dfrac{y}{x} \cdot x$。其原因仍是被宏名看着像"独立的整体性"欺骗了。改进的方法很简单，如下：

#define M(x) (x*x)

或者宏定义不变，但调用修改如下：

a=y/(M(x));

带参宏由于不需要使用堆栈，因此运行速度一般较快。但是，同一个宏的多次展开也会增加代码体积，并且由于其简单的符号替换展开方式，在涉及表达式作为参数、宏的嵌套定义时，出错概率也会增加。因此，对速度要求较高且相对比较简单的函数功能可以考虑使用带参宏定义，更多情况还是要优先考虑函数。

【案例 10-2】学生信息管理系统项目中打印学生相关信息。

【案例描述】
按提示从键盘输入某学生的相关信息，使用宏定义方法完成格式化信息打印任务。
【代码编写】

```
#include <stdio.h>
#include <string.h>
#define N "\n"
#define PLINE printf("----------------\
                -------------- "N);
//注意:分号已经是宏的一部分,使用时无须输入
#define P(x)   printf("%s",x);
```

```c
#define INPUT(y,z)    scanf("% s",b);strcat(y,z);\
strcat(y,N);

int main()
{
    char a[150]={0},b[20];
    printf("请输入学生学号:");
    INPUT(a,b)                    //字符串的输入、连接组合操作
    printf("请输入学生姓名:");
    INPUT(a,b)
    printf("请输入学生年龄:");
    INPUT(a,b)
    printf("请输入学生性别:");
    INPUT(a,b)
    printf("请输入学生总成绩:");
    INPUT(a,b)
    PLINE
    P(a)
    PLINE
    return 0;
}
```

运行结果如下:

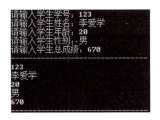

【案例分析】

编写程序时,常遇到大量需要重复编写的代码,这种情况往往所需的录入代码量很大,且十分容易出错。而重复性输入的代码如果是 scanf( )、printf( ) 这样的函数,涉及多种符号的键入,也是很多程序员比较头疼的事情。本案例通过定义无参宏 PLINE 来打印两条分隔线,达到分隔输出区域的目的。有参宏 P(x)、INPUT(y,z) 替代烦琐的 scanf( )、printf( ) 编写。数组 a 利用 "\n"实现一个数组内分隔不同记录字段,并辅助输出换行,使用宏 N 进行替换。INPUT(y,z) 还进一步展示了一次性替换多条语句的宏定义,实现将每次输入的字符串连接到数组 a 中的组合操作。灵活的宏定义可以很好地减少代码录入工作量,并减少出错的可能,便于修改程序。

10.2 #include 在学生信息管理系统中的应用

在程序设计过程，往往一个大的程序可以分为多个模块，由多个程序员分别编程。有些公用的符号常量、宏定义等可单独组成一个文件，在其他文件的开头用包含命令包含该文件即可使用。这样，可避免在每个文件开头都书写公用量，从而节省时间，并减少出错。

10.2.1 #include 语句的格式

文件包含命令行的一般形式：

```
#include "stdio.h"
```

或者：

```
#include <stdio.h>
```

文件包含命令的功能是把指定文件的文本内容插入该命令行位置取代该命令行，从而把指定的文件和当前的源程序文件连成一个源文件。一般被包含的文件为头文件。实际上，只要是无格式的文本文件，都可以使用 include 包含。

包含命令中的文件名可以用双引号括起来，也可以用尖括号括起来，这两种写法都是允许的。它们之间区别：使用尖括号表示在包含目录中查找（包含目录是由用户在设置环境时设置的），而不在源文件所在的当前目录中查找；使用双引号表示首先在当前的源文件目录中查找，若未找到，才到包含目录中查找。

用户编程时，可根据自己文件所在的目录来选择某一种命令形式。虽然仅使用双引号方式就可以保证文件在当前源目录和包含目录中搜索，但一般对包含系统提供的头文件使用尖括号，对包含自定义的头文件使用双引号，这样可以保证较好的代码可读性，便于理解。

10.2.2 文件包含使用方法

1. 包括文件时应防止重复定义错误

观察如下代码：

```
/*文件 1.c*/
#include <stdio.h>
int funb(int a){
    return a*a*a;
```

```
}

/*文件2.c*/
#include <stdio.h>
#include "1.c"
…

/*文件main.c*/
#include <stdio.h>
#include "1.c"
#include "2.c"
int main()
{
    printf("%d\n",funb(2));
    return 0;
}
```

编译结果报错:

[Error] redefinition of 'int funb(int)'

这是因为,在2.c中包含了1.c,预编译时,预编译器会把1.c的funb函数的定义代码插入2.c,main.c同时包含了1.c和2.c,那么1.c的funb函数的定义代码,因两次include而插入main.c中两次,出现了重复定义funb的错误。另外,在三个文件中都包含了stdio.h头文件,但是系统并没有提示这里出现重复包含错误。再做尝试:

```
/*文件1.h*/
#include <math.h>
int abc;                    /*注意这行*/
/*文件1.c*/
#include <stdio.h>
#include "1.h"              /*相当于也有一次 int abc;*/
int funb(int a)
{
    return a*a*a;
}

/*文件2.c*/
#include <stdio.h>
#include "1.h"              /*这里也有一次 int abc;*/
…

/*文件main.c*/
#include <stdio.h>
```

```
#include "1.h"
#include "1.c"
#include "2.c"
int main()
{
    printf("% d\n",funb(2));
    return 0;
}
```

其中，增加了一个1.h头文件，文件只声明了一个整型变量和包含了math.h，编译通过。说明无论自定义的头文件还是系统头文件，如果正确定义，就不会出现大多资料中所说的重复包含问题。

进一步修改，让1.h中声明的整型变量完成初始化：

int abc=0;

编译结果报错：

[Error] redefinition of 'int abc'

是不是很神奇？什么都不变，只是给变量abc一个初值，结果编译报错了。报错提示信息说得很清楚，这叫重复定义错误。"int abc;"是声明变量，但"int abc=0;"是定义变量，声明只是说明有这个变量，但系统不需要分配内存给变量，定义变量却需要分配内存。多次包含的后果就是：系统无法给这些同名的变量分配内存，即无法完成符号定位。声明函数和定义函数与之类似，定义是要在内存中生成代码，也就无法完成符号定位。

由此，可清晰一点：头文件的编写应以不分配内存空间的变量和函数的声明部分、宏定义等预编译指令为主要内容。

2. 文件包含并不是多文件编译

使用Code::Blocks编译环境进行编译，项目结构如图10-1所示。

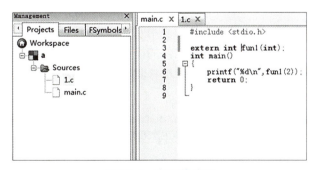

图10-1 多文件编译

这里，在main.c中通过语句"extern int fun1(int);"声明调用外部文件的fun1函数，1.c文件只有一个函数定义，如下：

```
int fun1(int a)
{
    return a * a;
}
```

编译通过，运行结果屏幕会打印出"4"。这个例子没有用包含命令把 1.c 包含到 main.c，但是它们在一个工程中。编译器实际上完成了如下工作：

```
gcc -c main.c -o main.o        #编译 main.c
gcc -c 1.c -o 1.o              #编译 1.c
gcc main.o 1.o -o main         #用 main.o 1.o 生成 main
```

假如在 main.c 中加入：

```
#include "1.c"
```

重新编译，结果报错：

```
Multiple definition of 'fun1'
```

这和前面的报错信息略有不同。前面的实际上是<u>多文件编程</u>、<u>单一文件编译</u>，因为所有文件的内容最后都包含在了同一个 main.c 文件中。而现在是<u>多文件编译</u>，即编译 main.c 也编译 1.c，然后把它们连接在一个可执行文件。在 main.c 里添加#include "1.c"，即多次定义了 fun1 函数。

3. 一个 include 命令只能指定一个被包含文件
若有多个文件要包含，则需用多个 include 命令。

4. 文件包含允许嵌套
在一个被包含的文件中可以包含另一个文件。

5. 关于库文件的说明
我们通过包含系统提供的各种头文件来使用库函数，但这些头文件并不提供最终链接到程序中的可执行代码，编译器只是通过头文件的描述，按一定的搜索路径，帮助程序找到正确的库文件，并提取程序所需的函数代码，链接到最后的程序中。

10.3 条件编译命令：学生信息管理系统中的应用

条件编译命令的主要目的是进行编译时进行有选择的挑选，并注释掉一些指定的代码，以实现版本控制、防止对文件重复包含的功能。其相关命令与前面介绍的分支结构十分相似，主要命令如表 10-1 所示。

表 10-1　条件编译命令

命令	说明
#if	如果条件为真，则执行相应操作
#elif	如果前面条件为假，而该条件为真，则执行相应操作
#else	如果前面条件均为假，则执行相应操作
#endif	结束相应的条件编译命令
#ifdef	如果该宏已定义，则执行相应操作
#ifndef	如果该宏没有定义，则执行相应操作
defined	与#if、#elif 配合使用，判断某个宏是否被定义

条件编译命令的格式一般有三种，但是可以灵活搭配这些命令以及其他预编译命令，并在程序中合适位置插入，实现较为复杂的编译过程。

10.3.1　条件编译的一般格式

1. 格式一

格式如下：

```
#if 常量表达式1
    程序段1
#elif 条件表达式2
    程序段2
#else
    程序段3
#endif
```

其中，elif 相当于 else if 的组合；#elif 和#else 都是可选的，可根据编译代码段的选择需要来决定是否使用；#elif 也可以有多个。

#if 命令要求判断条件为"整型常量表达式"，也就是说，表达式中不能包含变量，而且结果必须是整数；而 C 语言关键字 if 后面的表达式没有限制，只要符合语法就行。这是 #if 和 if 的一个重要区别。格式一的示例如下：

```
#include <stdio.h>
int main(){
#if   _WIN32
    printf("Windows 平台 \n");
#elif __linux__
    printf("Linux 平台 \n");
#else
    printf("其他平台 \n");
#endif
    return 0;
}
```

其中，_WIN32 是 Windows 操作系统专有的宏，__linux__ 是 Linux 操作系统专有的宏。通过上面的代码，编译器会根据标识宏来识别不同平台，编译对应的代码。

2. 格式二

格式如下：

```
#ifdef 标识符
    程序段 1
#else
    程序段 2
#endif
```

与格式一同样，#else 也是可选的。格式二的功能：如果标识符已被#define 命令定义过，就对程序段 1 进行编译；否则，对程序段 2 进行编译。示例代码：

```
#include <stdio.h>
#include <stdlib.h>
int main(){
    #ifdef _DEBUG
        printf("Debug 模式编译程序\n");
    #else
        printf("Release 模式编译程序\n");
    #endif
    system("pause");
    return 0;
}
```

与格式一相比，这里的预编译器只关心_Debug 是否被#define 定义过，而不关心它代表的内容是什么。编译型程序语言一般都提供两种编译模式：Debug 和 Release。在学习过程中，通常使用 Debug 模式，这样便于程序的调试；最终发布的程序一般使用 Release 模式，Release 模式下会进行很多优化，删除冗余信息，提高程序运行效率。对上面的代码稍加修改，编译器就可以根据程序员的选择进行编译程序。

3. 格式三

格式如下：

```
#ifndef 宏名
    程序段 1
#else
    程序段 2
#endif
```

格式三与格式二的功能刚好相反，它的功能是：如果当前的宏未被定义，则对"程序段 1"进行编译；否则，对"程序段 2"进行编译。

通过前面的学习可知，文件包含一不小心就会出现 Redefinition of "×××" 或者 Multiple definition of "×××" 错误。实际上，条件编译命令经常用于防止这个错误的发生，示例如下：

```
#ifndef __DF_E__
#define __DF_E__
  typedef enum{
      MON,
      TUE,
      WED,
      THU,
      TRI
  }workday;
  void func();
#endif
```

这段代码使用宏__DF_E__标识某个代码段是否被定义过，如果没定义过这个宏，那么新定义一个__DF_E__，相当于上了一把锁，告知程序的其他位置不要进行重复定义。本例中也没有使用#else。

10.3.2 独特的 defined

前面所学习的预编译指令基本都是由"#"引导的，以至有人怀疑 defined 是预编译命令吗？但它确实是预编译命令，defined 用来和#if 命令配合使用，实现更为复杂的条件编译。格式如下：

```
#if defined
```

或者：

```
#if ! defined
```

两条命令分别相当于#ifdef 和#ifndef，但是#ifdef 和#ifndef 都只能一次对一个宏定义进行判断，对于双重或多重判断，代码可能十分不友好，例如：

```
#ifndef _CASHREGISTER_XML_PARSER_H_
#ifndef _CASHREGISTER_XML_TRANSFORM_H_
#ifndef _CASHREGISTER_XML_DECODE_H_
/* ............ */
#endif
#endif
#endif
```

再看使用 defined 的情况：

```
#if
!defined(_CASHREGISTER_XML_PARSER_H_)&&\
!defined(_CASHREGISTER_XML_TRANSFORM_H_)&&\
```

```
!defined(_CASHREGISTER_XML_DECODE_H_)
/*............*/
#endif
```

由本例可以发现，条件编译命令和 C 代码的分支结构类似，也是可以嵌套定义，所以尽可能使用 defined 和 !defined 简化或者消除过多层次的嵌套，防止程序变得十分混乱。

提示：

随着软件技术的发展，命名空间、异常处理等技术的引入，其他预编译指令很少使用，有的甚至停止使用，本书不再介绍，读者可以自行查阅资料进行了解。

10.4 预处理命令在学生信息管理系统中的综合应用

【案例描述】

根据学生信息管理系统使用者关注内容的不同，系统实现应能按不同查询内容来显示相关内容信息。例如，分发给一般部门的版本只能查看成绩信息，学籍管理部门可以查阅完整信息。

【代码编写】

```c
#include <stdio.h>
#include <stdlib.h>
//#define VER
int main(){
    struct stu{
        int num;
        char *name;
        char sex;
        float score;
    } *ps;
    ps=(struct stu *)malloc(sizeof(struct stu));
    ps->num=12345;
    ps->name="李爱学";
    ps->sex='M';
    ps->score=95.5;
    #ifdef VER
        printf("Number=%d\nName=%s\nSex=%c\nScore=%3.1f\n\",
ps->num, ps->name,ps->sex, ps->score);
    #else
        printf("Name=%s\nScore=%3.1f\n",ps->name,ps->score);
    #endif
        free(ps);
    return 0;
}
```

【运行结果】

打开宏 VER 的定义：

```
Number=12345
Name=李爱学
Sex=M
Score=95.5
```

关闭宏 VER 的定义：

```
Name=李爱学
Score=95.5
```

【案例分析】

本案例主要介绍预编译命令的使用，对代码做了一定简化。分析案例目标，首先要获取使用者的类别，其次要有完整的学生信息。通过宏 VER 的开关以达到分类显示的目的。注意：预编译命令是在正式编译前完成的，#if、#ifdef、#ifndef 并不能控制已编译的程序完成分支跳转，所以本案例示例的是编译不同版本的控制。现在对条件编译的使用更多的是防止重复定义错误，将在第 12 章中示例。

10.5 小结

预处理功能是 C 语言特有的功能，它是在对源程序正式编译前由预处理程序完成的。程序员在程序中用预处理命令来调用这些功能。通过使用预处理功能，开发人员可以更好地设计较大型程序，使用系统提供的函数、多人协作、根据需要开发不同版本程序等。

- 宏定义是用一个标识符（宏名）来表示一个符号串，这个符号串可以是常量、变量或表达式。在宏调用中，将用该符号串代换宏名。
- 宏定义可以带有参数，带参宏调用时以实参代换形参，而不是"值传送"。
- 为了避免宏代换时发生错误，宏定义中的符号串应加括号，符号串中出现的形式参数两边也应加括号。
- 文件包含是预处理的一个重要功能，它可用来把多个源文件连接成一个源文件进行编译，结果将生成一个目标文件。
- 条件编译允许只编译源程序中满足条件的程序段，使生成的目标程序较短，从而减少内存的开销并提高程序的效率。另一个目的是防止重复定义错误。
- 使用预处理功能便于程序的修改、阅读、移植和调试，也便于实现模块化程序设计。

10.6 习题

选择题。

（1）下面叙述中正确的是（  ）。

A. 带参数的宏定义中参数是没有类型的

B. 宏展开将占用程序的运行时间

C. 宏定义命令是 C 语言中的一种特殊语句

D. 使用#include 命令包含的头文件必须以". h"为扩展名

(2) 下面叙述中正确的是（　　）。

A. 宏定义是 C 语句，所以要在行末加分号

B. 可以使用#undef 命令来终止宏定义的作用域

C. 在进行宏定义时，宏定义不能层层嵌套

D. 对程序中用双引号括起来的字符串内的字符，与宏名相同的要进行置换

(3) 在"文件包含"预处理语句中，当#include 后面的文件名用双引号括起时，寻找被包含文件的方式为（　　）。

A. 直接按系统设定的标准方式搜索目录

B. 先在源程序所在目录搜索，若找不到，再按系统设定的标准方式搜索

C. 仅仅搜索源程序所在目录

D. 仅仅搜索当前目录

(4) 下面叙述中不正确的是（　　）。

A. 函数调用时，先求出实参表达式，然后代入形参。而使用带参的宏只是进行简单的字符替换

B. 函数调用是在程序运行时处理的，分配临时的内存单元；宏展开则是在编译时进行的，在展开时也要分配内存单元，进行值传递

C. 对于函数中的实参和形参都要定义类型，二者的类型要求一致，而宏不存在类型问题，因为宏没有类型

D. 调用函数只可得到一个返回值，而用宏可以设法得到几个结果

(5) 下面叙述中不正确的是（　　）。

A. 使用宏的次数较多时，宏展开后源程序长度增长；而函数调用不会使源程序变长

B. 函数调用是在程序运行时处理的，分配临时的内存单元；而宏展开是在编译时进行的，在展开时不分配内存单元，不进行值传递

C. 宏替换占用编译时间

D. 函数调用占用编译时间

(6) 下面叙述中正确的是（　　）。

A. 可以把 define 和 if 定义为用户标识符

B. 可以把 define 定义为用户标识符，但不能把 if 定义为用户标识符

C. 可以把 if 定义为用户标识符，但不能把 define 定义为用户标识符

D. define 和 if 都不能定义为用户标识符

(7) 下面叙述中正确的是（　　）。

A. #define 和 printf 都是 C 语句　　　　B. #define 是 C 语句，而 printf 不是

C. printf 是 C 语句，但#define 不是　　D. #define 和 printf 都不是 C 语句

(8) 以下叙述中正确的是（　　）。

A. 用#include 包含的头文件的扩展名不可以是". a"

B. 若一些源程序中包含某个头文件；当该头文件有错时，只需对该头文件进行修改，

包含此头文件所有源程序不必重新进行编译

　　C. 宏命令行可以看作是一行 C 语句

　　D. C 编译中的预处理是在编译之前进行的

（9）以下程序的运行结果为（　　）。

```
#define R 3.0
#define PI 3.1415926
#define L 2*PI*R
#define S PI*R*R
main()
{
    printf("L=%f S=%f\n",L,S);
}
```

A. L=18.849556 S=28.274333

B. 18.849556=18.849556 28.274333=28.274333

C. L=18.849556 28.274333=28.274333

D. 18.849556=18.849556 S=28.274333

（10）以下程序的运行结果是（　　）。

```
#define MIN(x,y) (x)<(y)?(x):(y)
main()
{
    int i,j,k;
    i=10;j=15;
    k=10*MIN(i,j);
    printf("%d\n",k);
}
```

A. 15　　　　　　B. 100　　　　　　C. 10　　　　　　D. 150

第 11 章　文件：学生信息管理系统的文件应用

【学习目标】

- 掌握 C 语言中文件组织的基本方法和原理
- 掌握文件打开与关闭函数的使用
- 掌握文件的读写函数使用方法和技巧
- 掌握文件的定位和随机读写方法
- 了解 2 GB 以上文件的随机读写方法
- 掌握预处理指令在学生信息管理系统中的应用

"文件"一般是指计算机在外部存储器对一组相关数据的有序集合的存储方式，通常也会起个名字，用来标识不同的文件，叫作文件名，如 text.txt、main.c、autorun.bat 等，它们可以存储文本信息、图像信息、DOS 命令集合、可执行代码、声音等。

在 C 语言里，文件的概念略有不同，C 语言把对文件操作和访问各类终端设备的操作进行统一，通过"流"的概念，最小化普通文件与各类设备物理上的差异，在逻辑上均按文件对待，实现访问方法的统一。

C 系统在处理文件时也不区分类型，将其都看成字符流（或字节流），按字节进行处理。输入/输出字符流的开始和结束只受程序控制而不受物理符号（如回车符）的控制。因此，这种文件又称为流式文件。

本章首先介绍文件的相关基础知识，文件的打开和关闭，使读者对文件操作有基本认识；其次，介绍文件的读写操作，使读者了解不同读写方式的实现；再次，介绍文件的定位及其他操作函数，使读者了解文件顺序、随机读写、出错处理、文件删除等操作；最后，将文件综合应用于学生信息管理系统。

第11章 文件：学生信息管理系统的文件应用

11.1 文件及基本操作：学生信息管理系统中的使用

11.1.1 文件和流的关系

C 语言将每个文件简单地作为顺序字节流，如图 11-1 所示。每个文件用文件结束符结束，或者在特定字节数的地方结束，这个特定的字节数可以存储在系统维护的管理数据结构中。当打开文件时，就建立了和文件的关系。

图 11-1 顺序字节流

开始执行程序时，系统将自动打开 3 个文件和相关的流：标准输入流、标准输出流和标准错误。流提供了文件和程序的通信通道。例如，标准输入流可以从键盘读取数据，标准输出流可以在屏幕上输出数据。打开一个文件同时返回指向 FILE 结构的指针，它在 stdio.h 中定义，包括处理文件的相关信息，这个指针是开发人员操作文件的最基本依据。

标准输入、标准输出和标准错误是用文件指针 stdin、stdout 和 stderr 来处理的。通常，stdin 用于从控制台读，stdout 和 stderr 用于向控制台写。stdin、stdout 和 stderr 都是系统定义的常量，不能改动，并且它们在程序开始执行时由系统自动生成，程序结束时自动关闭，因此不要试图去打开和关闭它们。

文件描述符（File Control Block，FCB）是操作系统打开文件列表的索引，它实际是一个描述符数组，每个数组元素包含一个文件控制块，操作系统用它来管理特定的文件。对于我们来说，只需通过 FILE 指针操作文件就可以了。

I/O 设备的多样性及复杂性，给程序设计者访问这些设备带来了很大的难度和不便。为此，ANSI C 标准的 I/O 系统（即标准 I/O 系统）把任意输入的源端（或任意输出的终端）都抽象转换成了概念上的"标准 I/O 设备"，或称为标准逻辑设备。程序绕过具体设备，直接与该标准逻辑设备进行交互，这样就为程序设计者提供了一个不依赖于任何具体 I/O 设备的统一操作接口，通常把抽象出来的标准逻辑设备或标准文件称作流。

流按方向可分为输入流和输出流。从文件获取数据的流称为输入流，向文件输出数据的流称为输出流。例如，从键盘输入数据后把该数据输出到屏幕上的过程，相当于从一个文件输入流（与键盘相关）中输入（读取）数据，然后通过另一个文件输出流（与显示器相关）把获取的数据输出（写入）到文件（显示器）上。

流按数据形式可分为文本流和二进制流。文本流是 ASCII 码字符序列，而二进制流是字节序列。根据文件中数据的组织形式的不同，可以把文件分为文本文件和二进制文件。

文本文件：把要存储的数据当成由一系列字符组成，把每个字符的 ASCII 码值存入文件。每个 ASCII 码值占 1 字节，每字节表示一个字符。因此，文本文件也称作字符文件或 ASCII 文件，是字符序列文件。

二进制文件：把数据对应的二进制形式存储到文件中，是字节序列文件。

在 C 语言程序与文件的访问中，经常涉及换行操作。二进制文件与文本文件在换行规则上略有差别。

在 UNIX 和 Linux 操作系统中，无论是二进制文件还是文本文件，均是以单字节值为 10 的 LF(0x0A) 作为文件中的换行符。

由于 C 语言是在 UNIX 操作系统上提出并发展起来的，故 C 语言中的换行规则与 UNIX 操作系统文件中的换行规则是一致的，使用 LF（即'\n'）表示换行。因此，C 语言程序访问 UNIX/Linux 操作系统中的文件时，可直接访问，不需要转换。

在 DOS/Windows 操作系统中，文本文件使用 ASCII 值为 13(0x0D) 的回车符 CR 以及 ASCII 值为 10(0x0A) 的换行符 LF 这两个符号，即双字节 CR-LF（0x0D 0x0A）的'\r'、'\n'作为文本文件的换行符。这与 C 语言程序中的换行符不一致。

因此，若使用 C 语言程序访问 DOS/Windows 操作系统中的文本文件，针对换行符的差异，就必须多一层转换。如果把 C 语言程序中的数据以文本的方式写入文件，就需要先把 C 程序中的'\n'转换为'\r'和'\n'这两个字符，再写入文本文件；当 C 语言程序以文本方式读取文本文件中的数据时，需要先把文本文件中连续出现的两个字符'\r'、'\n'转换为一个字符'\n'，再送入 C 程序。

说明：

DOS/Windows 操作系统的文本文件中，回车符'\r'和换行符'\n'的含义如下：

回车符'\r'：表示光标回到该行的行首处。

换行符'\n'：表示光标从当前行该列位置移动到下一行对应的该列位置。

11.1.2　FILE * 文件指针

C 语言的 stdio.h 头文件中，定义了用于文件操作的结构体 FILE。我们可通过 fopen( ) 函数返回一个 FILE 型的文件指针（指向 FILE 结构体的指针）来进行文件操作。在 stdio.h 头文件中，可查看 FILE 结构体的定义。

TC 2.0 中：

```
typedef struct  {
    short level;
    unsigned flags;
    char fd;
    unsigned char hold;
    short bsize;
    unsigned char * buffer;
    unsigned char * curp;
    unsigned istemp;
    short token;
} FILE;
```

VC 6.0 中：

```
#ifndef _FILE_DEFINED
struct _iobuf {
        char * _ptr;
        int _cnt;
        char * _base;
        int _flag;
        int _file;
        int _charbuf;
        int _bufsiz;
        char * _tmpfname;
};
typedef struct _iobuf FILE;
#define _FILE_DEFINED
#endif
```

该结构中含有文件名、文件状态和文件当前位置等信息。在编写源程序时，不必关心 FILE 结构的细节。开发过程只需要使用这个结构定义文件指针，格式如下：

FILE *指针变量标识符；

例如：

FILE *fp;

这样，就可以通过 fp 来操作文件了。fp 是指向 FILE 结构的指针变量。首先，通过 fp 找到存放对应文件信息的结构变量；然后，按结构变量提供的信息找到该目标文件，实现对文件的操作。由于系统为开发者提供了从 fp 到文件的"透明"操作，所以人们习惯上把 fp 称为指向一个文件的指针。

11.1.3 文件的打开和关闭

C 语言中没有专门的 I/O 指令，所有输入/输出操作都由库函数来完成。

C 语言中的文件系统可分为两类：一类是缓冲型文件系统，也称为标准文件系统；另一类是非缓冲型文件系统。ANSI C 标准中只采用缓冲型文件系统，函数原型在 stdio.h 中声明。

缓冲型文件系统：系统自动为每个打开的文件在内存开辟一块缓冲区，缓冲区的大小一般由系统决定。当程序向文件输出（写入）数据时，程序先把数据输出到缓冲区，待缓冲区满或数据输出完成后，再把数据从缓冲区输出到文件；当程序从文件输入（读取）数据时，先把数据输入缓冲区，待缓冲区满或数据输入完成后，再把数据从缓冲区逐个输入程序。

非缓冲型文件系统：系统不自动为打开的文件开辟内存缓冲区，由程序设计者自行设置缓冲区及大小。程序每一次访问磁盘等外存文件都需要移动磁头来定位磁头扇区，如果程序频繁地访问磁盘文件，就会缩短磁盘的寿命，而磁盘或其他外部设备的速度通常较慢，与快速的计算机内存处理速度不匹配。

缓冲型文件系统的好处是可减少对磁盘等外存文件的操作次数，先把数据读取（写入）到缓冲区，相当于把缓冲区中的数据一次性与内存交互，从而可提高访问速度和设备利用率。

一般把缓冲型文件系统的输入/输出称作标准输入/输出（标准 I/O），而非缓冲文件系统的输入/输出称为系统输入/输出（系统 I/O）。目前非缓冲型文件系统只在早期的 UNIX 操作系统中使用，本章只介绍缓冲文件系统的文件操作。

前面学习的控制台 I/O（getchar( )、putchar( )、getche( )、getch( )、gets( )、puts( )）、格式化控制台 I/O（printf( )、scanf( )），都是缓冲型文件系统的一个专用子系统，技术上可以重定向它们到标准控制台以外的其他设备。本章主要学习直接文件操作相关的其他系统函数。常用的函数如表 11-1 所示。

表 11-1　常用缓冲型文件系统函数

函数名	功能说明	函数名	功能说明
fopen( )	打开一个流	fscanf( )	从流里格式化读数据
fclose( )	关闭一个流	feof( )	判断文件结束
puts( )	向流里写一个字符	ferror( )	判断文件操作是否出错
gets( )	从流里读一个字符	rewind( )	重新把文件指针设置到文件起始位置
fseek( )	在流里寻找一个指定的字符	remove( )	删除一个文件
fprintf( )	向流里格式化写数据		

1. fopen( ) 函数

在进行读写操作之前，要打开文件，使用完毕要关闭文件。所谓打开文件，实际上是建立文件的各种有关信息，并使文件指针指向该文件描述信息，即创建一个"流"和一个特定文件的联系，以便进行其他操作。

函数原型：

FILE ＊fopen(char ＊filename, ＊mode)

fopen( )函数的调用一般格式：

文件指针名=fopen(文件名,使用文件方式);

其中，"文件指针名"必须是被说明为 FILE 类型的指针变量；"文件名"是被打开文件的文件名的字符串或字符串数组，可以使用路径；"使用文件方式"是指文件的类型和操作要求，注意应以字符串常量方式书写。

假定已经定义了"FILE ＊fp;"。打开文件示例一：

```
fp=fopen("filea","r");
```

该语句完成在当前目录下打开文件 filea，只允许进行"读"操作，并使 fp 指向该文件。

打开文件示例二：

```
fp=fopen("c:\\text.dat","rb")
```

该语句完成打开 C 驱动器磁盘的根目录下的文件 text.dat，以二进制只读方式操作。应注意两个反斜线"\\"转义字符的使用。

mode 可取值及代表的模式如表 11-2 所示。

表 11-2 fopen( ) 函数的有效 mode 值

mode	含义
rt	只读打开一个文本文件，只允许读数据
wt	只写打开（或建立）一个文本文件，只允许写数据
at	追加打开一个文本文件，并在文件末尾写数据
rb	只读打开一个二进制文件，只允许读数据
wb	只写打开（或建立）一个二进制文件，只允许写数据
ab	追加打开一个二进制文件，并在文件末尾写数据
rt+	读写打开一个文本文件，允许读数据和写数据
wt+	读写打开（或建立）一个文本文件，允许读数据和写数据
at+	读写打开一个文本文件，允许读数据，或在文件末追加数据
rb+	读写打开一个二进制文件，允许读数据和写数据
wb+	读写打开（或建立）一个二进制文件，允许读数据和写数据
ab+	读写打开一个二进制文件，允许读数据，或在文件末追加数据

注意：

（1）文件使用方式由 r(read，读)、w(write，写)、a(append，追加)、t(text，文本文件，可省略)、b(binary，二进制文件)、+（读和写）六个字符拼成。

（2）用"r"方式打开一个文件时，要求文件必须已经存在，按只读取数据操作文件。

（3）用"w"方式打开的文件只能向该文件写入。如果目标文件不存在，则以指定的文件名创建该文件；如果打开的文件已经存在，则将该文件内容擦除，重建写入数据。

（4）如果要向一个已存在的文件末尾追加数据，只能用"a"方式打开文件。但要求目标文件必须是存在的，否则将会出错。

（5）fopen( )函数使用时，*mode 参数是字符串，一定要使用双引号。

如果打开一个文件失败，fopen( ) 函数将返回一个空指针值 NULL。编写程序时，可以根据 fopen( )函数的返回值，并进行相应的处理。因此常用以下程序段打开文件：

```
if((fp=fopen("filename","rb"))==NULL) {
  printf("\nERROR on open filename");
  exit(1);
}
```

通常二进制文件的读写不需要进行二进制与 ASCII 码的转换，以及换行符的替换，处理速度会更快。

2. fclose( ) 函数

关闭文件则断开指针与文件之间的关联，即关闭操作使文件脱离相应的"流"。对于一个流，关闭时与之相关的缓冲区内容要全部写入外部设备。这个过程通常叫作"刷新"流，以保证没有残存信息留在缓冲区。通过 return 和 exit( ) 函数返回操作系统，文件都会正常关闭；但程序调用 abort( ) 函数，或者因其他运行错误而异常中断执行，文件就无法关闭，可能造成数据的丢失或文件错误。

函数原型：

```
int fclose(FILE * fp);
```

通常的调用格式：

```
fclose(fp);
```

fclose( ) 函数的返回值为 0，表示正常关闭文件成功，如返回非零值则表示有错误发生，大多数情况是磁盘已取出或磁盘已满时才会出现关闭错误。

【案例 11-1】学生信息管理系统项目中按不同方式打开文件。

【案例描述】

在学生信息管理系统的使用中，可能只是简单进行查询，也可能是修改、添加等。因此，有必要按使用目的的不同，指定不同打开文件方式，防止意外情况损坏数据。

【代码编写】

```c
#include <stdio.h>
#include <stdlib.h>
int main()
{
    char * open_mode[]={"r","a","w+"};
    int id_func;
    FILE * fp=NULL;
    printf("---------------------------\n");
    printf("学生信息管理系统\n");
    printf("   0. 查询     3. 保存\n");
    printf("   1. 添加     4. 删除\n");
    printf("   2. 修改     5. 退出\n");
    printf("---------------------------\n");
    while(1){
        printf("请选择功能模块:");
        scanf("%d",&id_func);
        switch(id_func){
```

```
            case 0:
            case 1:
            case 2:
                if((fp=fopen("stu_info.dat",open_mode[id_func]))==NULL)
                  {
                        printf("cannot open file");
                        exit(1);
                  }
                break;
            case 3:                 /*实现保存*/
            case 4:                 /*实现删除*/
            case 5:
                fclose(fp);
                return 0;           /*退出系统*/
            default:
                printf("输入错误");
        }
        if(fp)
        {
        printf("已按\"%s\"方式打开\
            stu_info.dat",open_mode[id_func]);break;}
        }
        /*这里完成后续操作*/
        fclose(fp);
        return 0;
}
```

【运行结果】

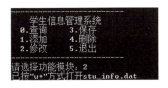

【案例分析】

当执行程序输入 0、1、2 时，都会执行分支 case 2，但是通过二维字符数组指定的参数 open_mode[id_func]，程序会以不同的方式打开目标文件。应注意使用函数 exit() 在头文件 stdlib.h 中描述。学生信息管理系统中的文件处理，可能会根据系统设计的不同方式来选择文件打开模式。如果采取逐条记录进行数据处理，那么要不断读写外部文件。打开方式的影响不仅如此，"w" 方式无论是否带 "+"，每次都会重建新的目标文件，文件如果已经存在也就相当于被擦除。"r+" 可以实现读写，且不会删除原来存在的数据，但是不能创建新的目标文件。"a+" 模式无论我们是否调整文件读写指示器位置，写入数据都只会追加在文件的尾部。合理的方式应该是使用链表在内存中开辟缓冲区，把对文件的操作转变为对内存数据的操作，完成后统一写回文件。

11.2 文件读写函数：学生信息管理系统中的应用

当使用 fopen 函数打开一个文件，也就创建了与之对应的"流"，通过返回的 FILE * 指针即可实现数据的读写操作。文件的读写操作又可分为按字符/字节、整型、字符串和指定长度的数据块几种方式访问。

11.2.1 字符/字节读写文件：fgetc( ) /getc( ) 和 fputc( ) /putc( )

fgetc( )、fputc( ) 与 getc( )、putc( ) 的功能基本一样，按 APUE（Advanced Programming in the UNIX © Environment）给出的解释，以 f 开头的两个函数是用函数的方式实现的，而后者是以宏的方式实现的。通常来说，宏的方式执行速度相对要快一些，但代码量大。在此推荐使用 fgetc( )、fputc( ) 函数，相对来说函数有鲁棒性。

1. fgetc( )

函数原型：

```
int fgetc(FILE *fp);
```

由于历史的原因，该函数的返回值是整型，但其高位字节为 0，按 C 语言整型与字符的表示方式和使用规则，不影响按字符型使用 fgetc( )。

使用 fgetc( ) 时，当读取到文件的末尾时，将返回一个 EOF 标记。这实际上是一个值为 -1 的整型量，不在 ASCII 编码范围内。但 fgetc( ) 要实现以二进制读取数据的能力，-1 就可能是正常数据而非 EOF，为此 ANSI C 标准提供了一个 feof( ) 函数来判断文件是否真的结束。

feof( ) 的原型：

```
int feof(FILE *fp);
```

feof( ) 返回 1，表示已达到文件末尾；未达到时，返回 0。而且，这个函数适用字符方式读取数据，所以通常使用如下方式读数据：

```
while(!feof(fp)) ch=fgetc(fp);
```

但是，feof( ) 函数的执行机制有点特别。它并不移动文件位置指示器，它会从当前位置指示器的位置向后观察文件数据。当看到下一个字节是 EOF 时，并不报文件结束，因为它认为 EOF 是"-1"。因此，每次使用 feof( ) 函数时，要求在程序设计时多读一个字节，进行判断，判断结果如果还有数据，文件指示器就回退一个字节，以便继续读数据。

2. fputc( )

函数原型：

```
int fputc(int ch,FILE *fp);
```

ch 名义上是整型，但实际只使用了低位字节。通常直接使用一个字符常量或变量，作为 fputc( ) 的第一个参数。例如：

```
fputc('x',fp);
```

如果 fputc( ) 操作成功，就将刚刚存入的字符作为其执行结果的返回值；如果失败，则返回-1。

【示例代码】

使用 fgetc( ) 和 fputc( ) 实现文件复制，目标文件可以自行指定。

```
/* testcopy.c */
#include <stdio.h>
#include <stdlib.h>
int main(int argc,char *argv[])
{
    FILE *in,*out;
    char ch;
    if(argc!=3){
        printf("请正确输入原文件和\
            目标文件名:");
        exit(1);
    }
    if((in=fopen(argv[1],"r"))==NULL){
        printf("不能打开原文件,或者\
            原文件不存在\n");
        exit(1);
    }
    if((out=fopen(argv[2],"w"))==NULL){
        printf("不能创建目标文件,请检查磁盘是否满,或者写保护");
        exit(1);
    }
    while(!feof(in)){
        ch=getc(in);
        if(!feof(in))
            if(fputc(ch,out)==-1)
                printf("文件写入失败");
    }
    return 0;
}
```

本程序编译后，可以在命令行输入形如"testcopy.exe a.txt b.dat"命令。程序完成后，会将已存在的 a.txt 复制到一个新创建的 b.dat。如果 b.dat 已存在，则将被覆盖。该程序只能完成文本文件的复制，如果想实现任意类型文件的复制，只要将两次打开文件的操作中所指定的模式依次修改为"rb""wb"即可。

11.2.2　字符串方式读写文件：fgets( )、fputs( )

1. fgets( )

fgets( )函数从指定的文件中读一个字符串到字符数组中。
函数原型：

```
char * fgets(char * str, int n, FILE * fp);
```

其中，str 是指定存入的目标数组；n 是一个正整数，表示从文件中读出的字符串不超过 n-1 个字符，在读入的最后一个字符后加上串结束标志'\0'；fp 用来表示打开的文件。需注意的是，如果读入的是一个换行符，它将作为字符串的一部分。在读取数据时，如果 fgets( ) 被中断，则 str 是空的。

fgets 函数在读出 n-1 个字符之前，如遇到了换行符或 EOF，则读出操作结束，函数执行结果的返回值是字符数组的首地址。

2. fputs( )

fputs( )函数的功能是向指定的文件写入一个字符串。
函数原型：

```
int fputs(char * str, FILE * fp);
```

其中，str 既可以是字符串常量，也可以是字符数组名，或是指向字符数组的指针变量。与 fgets( )函数不同，fputs( )函数执行结果的返回值是一个整型量，0 表示写入成功，-1 表示写入失败。

【示例代码】

实现一个程序可以从键盘一次接收 10 个字符作为字符串，并存入 test.txt，然后分两次，每次按 5 个字符从文件读出，并在屏幕上显示。

```
#include <stdio.h>
#include <stdlib.h>
#include <string.h>

int main()
{
    FILE * fp;
    char str[11],d_str[6];
    if((fp=fopen("test.txt","a+"))==NULL){
        printf("\nCannot open file\n");
        exit(1);
    }
    do{
        printf("请输入任意10个字符:");
        scanf("%s",str);
    }while(strlen(str)!=10);
```

```
    if(fputs(str,fp)==-1)
        printf("文件写入失败");
    rewind(fp);              /*调整位置指示器回到文件起始位置*/
    fgets(d_str,6,fp);
    printf("%s\n",d_str);
    fgets(d_str,6,fp);
    printf("%s\n",d_str);
    fclose(fp);
    return 0;
}
```

本程序的实现是在一次文件的打开中,既完成写入又读出数据。需要注意的是:

(1) 读写文件的位置指示器要在正确的位置。

(2) 文件打开的方式必须是"w+"或者"a+"。若使用"w+",则每次会重新创建 test.txt;若使用"a+",则会在第一次执行时创建 test.txt,以后再次执行会在已经建立的 test.txt 尾部追加写入新的字符串。

11.2.3 指定大小块方式读写文件:fread( )、fwrite( )

fread( )、fwrite( ) 函数用来按指定大小的数据块完成对文件的读写,块的大小按字节数计算。通常这两个函数以二进制方式读写文件,以实现读写任意类型数据的功能。

1. fread( )

函数原型:

```
int fread(void *buffer,int size,int count,FILE *fp);
```

其含义是从 fp 所指的文件中,每次读 size 个字节送入缓冲区 buffer 中,这个过程重复 count 次。其中,buffer 是存放输入数据缓冲区的首地址,size 表示每个数据块的字节数,count 表示要读写的数据块块数,fp 是目标文件的文件指针。函数执行的返回值是实际成功读取数据的块数。

2. fwrite( )

函数原型:

```
int fwrite(void *buffer,int size,int count,FILE *fp);
```

其含义是从缓冲区 buffer 中,每次写 size 个字节到 fp 所表示的文件,这个过程重复 count 次。语句中各参数的意义和 fread( ) 函数相同。

对这两个函数需要注意的是,它们的返回值在使用中往往和 count 并不相同。其原因是:总计读写的数据不一定是块大小 size 的整数倍,大多是提前遇到了 EOF 结束标识。当这两个函数一次读写的字节数不足一个块的大小时,读写失败,并且该次将不计入返回值。

基于这个原因，在使用 fread() 和 fwrite() 函数时，要注意对块的设计，应当是一个完整的结构化数据单元，否则可能导致错误。

【示例代码】

实现从键盘连续获取浮点数输入，并写入 floatsave.dat 文件；再从该文件中读出这些浮点数，依次在屏幕上显示，每行 4 个浮点数。

```c
#include <stdio.h>
#include <stdlib.h>

int main()
{
    FILE *fp;
    float f;int i=0;
    if((fp=fopen("floatsave.dat","wb+"))==NULL){
        printf("cannot open floatsave.dat");
        exit(1);
    }
    do{
        printf("请输入一个浮点数，-1 结束:");
        scanf("%f",&f);
        if(f!=-1){
            fwrite(&f,sizeof(float),1,fp);
        }
    }while(f!=-1);
    rewind(fp);                    /*重置文件位置指示器*/
    system("cls");                 /*清屏*/
    while(fread(&f,sizeof(float),1,fp)){
        printf("%f ",f);i++;
        if(i==4){
            printf("\n");i=0;
        }
    }
    fclose(fp);
    return 0;
}
```

本程序使用了 system() 函数完成了一次清屏操作。注意：文件打开模式为"w+"。在读取浮点数并进行屏幕显示时，利用了 fread() 返回值的特性，控制循环的结束。

执行本程序，当输入浮点数时，如果在文件夹中观察 floatsave.dat，会发现文件的大小一直是 0 字节。每次都在接收浮点数后调用 fwrite() 写入，为什么文件没因为接收数据而增加大小呢？实际上，流不等同于外部文件，只是将数据写入系统的缓冲区，当文件位置指示器复位、关闭文件等操作时，会触发"刷新"缓冲区的操作，此时数据才会写入文件。如果在上面文件 rewind() 后增加断点，然后调试程序，会发现到达断点时，文件按输入浮点数的个数乘以浮点数的字节数得到了对应的文件大小。是否可以在每次调用 fwrite() 函数时，及时写数据到外部文件呢？答案是肯定的，通过 fflush() 可以达到这个目的。

fflush() 的函数原型：

```
int fflush(FILE *fp);
```

其功能是清除读写缓冲区，立即把输出缓冲区的数据进行物理写入，即"刷新"。但是这个函数在各编译器的实现不一致，主要体现在对输入缓冲区的处理。按 C99 标准，fflush() 函数刷新是针对输出操作的，如果使用 fflush(stdin) 刷新输入缓冲区，结果是不确定的。不过，有些编译器提供了 fflush(stdin)，其功能是清空输入缓冲区，如 VC 环境。

将以上代码在 fwrite() 函数调用后增加如下语句：

```
fflush(fp);
```

即可每输入一个浮点数就即时写出到文件中。这种方式适用于有防止意外导致数据丢失需求的情况，但这种方式频繁读写外部设备，效率较差，并降低外部设备的使用寿命。

11.2.4　格式化方式读写文件 fprintf()、fscanf()

1. fprintf()

函数原型：

```
int fprintf (FILE *fp, const char *f_str,…);
```

2. scanf()

函数原型：

```
int fscanf (FILE *fp, const char *f_str, …);
```

这两个函数实际上除了是用来操作磁盘文件外，与之前介绍的 printf()、scanf() 函数功能完全相同。原型声明中，fp 用来指向操作的文件，f_str 格式化说明字符串，"…"在实际调用时代表参量表。两个函数的使用方式与 printf()、scanf() 函数大体相同，下面通过一个例子来学习。

【示例代码】

通过 printf()、scanf() 函数实现一个简单的通讯录文件。

```
/*一个简单的通讯录文件 telephone.tel */
#include <stdio.h>
#include <stdlib.h>

int main()
{
```

```
    FILE *fp;
    char name[50],mob_num[12];
    int area_code,num;
    if((fp=fopen("telephone. tel","a+"))==NULL){
        printf("cannot open telephone. tel");
        exit(1);
    }
    printf("请按姓名 区号 电话号 手机号输入信息：\n");
    fscanf(stdin,"%s%d%d %s",name,&area_code,&num,mob_num);
    getchar();              /*清除回车*/
    fprintf(fp,"%s\n0%d-%d\n%s\n\n",name,area_code,num,mob_num);
    return 0;
}
```

本程序未使用循环，编译后运行两次并完成输入，可以看到"a+"模式的效果，如图11-2所示。

图11-2 程序按格式写入的通讯录文件

11.3 文件定位函数：学生信息管理系统中的应用

文件数据的访问可以分为顺序访问和随机访问两种方式，本节前面的内容都是基于顺序依次读写文件中的数据。随机访问是按所需的位置，调整文件内部的位置指示器，进行任意有效位置的读写操作。rewind( ) 的作用是重置位置指示器到文件起始位置，其也是定位函数，前面介绍过，本节继续学习其他定位函数。

11.3.1 2 GB以下文件定位函数

1. ftell( )

ftell( )函数返回当前文件指针所在的位置（文件的第一个字节所在位置是零）。
函数原型：

long ftell(FILE *fp);

该函数有且仅有一个参数，为被操作文件的文件指针。函数返回值：有符号的 long 类型的正向值，范围为 0~2147483647。也就是说，位置指示器被这个数限定，能索引的最大文件为 2 GB。通常 ftell( ) 返回值用于配合 fseek( ) 使用，作为 fseek( ) 进行偏移计算的起点。

2. fseek( )

fseek( ) 函数能把文件位置指示器移动到文件任何位置。

函数原型：

```
int fseek(FILE *fp,long offset,int fromwhere);
```

其中，fp 为要进行定位的文件的指针；offset 为定位的偏移量，它是一个有符号的 long 类型值，正数表示位置指示器向后偏移，负数表示位置指示器向前偏移，0 表示不进行偏移，它的值表示要移动的字节数，当用常量表示位移量时，要求加后缀"L"；fromwhere 表示位置指示器从哪个位置开始偏移，有三个值可选——SEEK_SET（文件开头）、SEEK_CUR（位置指示器当前位置）、SEEK_END（文件末尾），分别表示文件首个字节（即第 0 个位置）、位置指示器当前所指字节和文件末尾 EOF 位置。SEEK_SET、SEEK_CUR、SEEK_END 是被定义了的整型宏常量，其值分别是 0、1、2。

fseek 返回值：返回 0，表示操作成功；返回非 0，表示操作失败。

其他注意：该函数不能定位到第 1 个字节之前的位置，如果尝试这样操作，会导致 fseek 返回 -1，即操作失败，如代码"j=fseek(fp,-4L,SEEK_SET);"的返回值 j 就是 -1；但是，该函数能定位到 EOF 位置之后的位置，并且不报错，即这样是没有意义的，如代码"j=fseek(fp,4L,SEEK_END)"的返回值 j 是 0，并且此时 ftell(fp) 的返回值是 SEEK_END+4。

【示例代码】

准备一个文本文件 test.txt，内容为 10 个数字 0123456789，使用 ftell( )、fseek( ) 移动位置指示器，并读取数字字符，体会位置变化情况。

```
#include <stdio.h>
#include <stdlib.h>
int main()
{
    FILE *fp;
    if((fp=fopen("test.txt","r"))==NULL){
        printf("cannot open file");
        exit(1);
    }
    printf("新打开位置%ld\n",ftell(fp));
    fseek(fp,5L,0);
    printf("后移5位置%ld\n",ftell(fp));
    printf("文件内存储的字符%c\n",fgetc(fp));
    printf("读取后位置%ld\n",ftell(fp));
    fseek(fp,-3L,SEEK_CUR);
    printf("再前移3位置%ld\n",ftell(fp));
```

```
        printf("文件内存储的字符%c\n",fgetc(fp));
        printf("读取后位置%ld\n",ftell(fp));
        fseek(fp,-2L,SEEK_END);
        printf("末尾前移2位置%ld\n",ftell(fp));
        printf("文件内存储的字符%c\n",fgetc(fp));
        return 0;
    }
```

11.3.2 大于2GB文件的定位函数

ANSI C 标准为了解决大文件定位的问题,设计了 fgetpos( )、fsetpos( )函数。不过,即使是现在,直接处理一个超过 2 GB 的单文件还是比较少的,所以这两个函数使用得并不多。

在介绍这两个函数之前,先要介绍一个数据类型 fpos_t。这个类型有些特殊,因为在不同的机器上它的定义可能是不同的,一般在 PC 上它是一个 long long 类型(C99 标准),而在更为复杂一些机器上它可能是一个结构体。fpos_t 只被 fsetpos( ) 和 fgetpos( ) 使用,用于保存文件位置指示器的数值。

1. fgetpos( )

函数原型:

```
int fgetpos(FILE *fg, fpos_t *atwhere);
```

fgetpos( )函数将当前文件内容访问位置保存到 fpos_t 类型变量 atwhere 中。它的作用基本上相当于 ftell( )。要注意的是:位置值的传递不是通过返回值,而是 atwhere。

2. fsetpos( )

函数原型:

```
int fsetpos(FILE *fg, const fpos_t *towhere)
```

fsetpos( )函数将文件指示器位置设置为 fpos_t 类型变量 towhere 所保存的位置。它的作用类似 fseek( )。注意:这里实际上相当于使用了绝对位置,而不是 fseek( ) 的相对位置。

11.4 其他函数

1. ferror( )

ferror( )函数是文件操作错误检查函数。

函数原型:

```
int ferror(FILE *fp);
```

在调用各种 I/O 函数（如 fputc( )、fgetc( )、fread( )、fwrite( )等）时，如果出现错误，除了通过函数返回值判断，还可以用 ferror( )函数检查。它的一般调用形式为"ferror(fp);"。如果 ferror( )函数返回值为 0，则表示操作成功；如果返回一个非零值，则表示失败。

对同一个文件，任一调用输入/输出函数均会更新 ferror( )函数检测的 error 状态值。因此，应当在调用一个输入/输出函数后立即使用 ferror( )函数检查出错与否，否则会丢失错误信息。ferror( )函数的初始值在 fopen( )打开文件时自动置为 0。

2. remove( )

remove( ) 函数用于删除指定的文件。
原型如下：

```
int remove(char *filename);
```

其中，filename 为要删除的文件名，可以为一目录。如果函数返回值为 0，则表示操作成功；如果返回一个非零值，则表示失败。

11.5　文件在学生信息管理系统中的综合应用

【案例描述】
实现对学生相关信息的组织，数据的保存、读取等文件操作相关的内容。

【代码编写】
将程序按多文件编译方式编写，分四个文件（main.c、save.c、read.c、Typeinfo.h），具体代码如下：

```
/* Typeinfo.h 定义学生信息结构,声明 read 和 save 函数 */
    #ifndef S_INFO
    #define S_INFO

    typedef struct student_info{
        char name[16];
        int id_num;
        int age;
        int book_year;
        char sex;
        char major[20];
        char dorm[20];
    }stu_info,*STU_INFO;
    int save(FILE *fp,STU_INFO buff);
    int read(FILE *fp,STU_INFO buff);
#endif                          // S_INFO
```

在此将 save( ) 和 read( ) 分成两个文件编写，是为了进一步演示多文件编程，并对这两个函数均利用了返回值特性，以判断是否成功操作。代码如下：

```c
/* save.c */
#include <stdio.h>
#include "Typeinfo.h"
int save(FILE *fp,STU_INFO buff){
    if(fwrite(buff,sizeof(stu_info),1,fp)!=1){
        printf("数据写入错误");
        return 1;
    }
    return 0;
}
```

```c
/* read.c */
#include <stdio.h>
#include "Typeinfo.h"
int read(FILE *fp,STU_INFO buff){
    if(fread(buff,sizeof(stu_info),1,fp)!=1){
        printf("数据读出错误");
        return 1;
    }
    return 0;
}
```

学生信息数据文件名字在主函数中指定为"studentinfo.info"，按文本文件打开，但可以存储整型数据。main.c 代码如下：

```c
/* main.c */
#include <stdio.h>
#include <stdlib.h>
#include <string.h>
#include "Typeinfo.h"
int main()
{
    FILE *fp;
    stu_info buffer,*bu;
    bu=&buffer;
    if((fp=fopen("studentinfo.info","a+"))==NULL){
        printf("打开学生信息文件失败");
        exit(1);
    }
    printf("请按：\"学号 姓名 年龄 入学年份 性别 专业 宿舍\"顺序输入信息,输入 0 退出 \n");
    while(1){
```

```c
        scanf("%d",&bu->id_num);
        if(bu->id_num==0)                /*控制结束输入退出*/
        break;
        scanf("%s%d%d %c %s %s",bu->name,
            &bu->age,&bu->book_year,
            &bu->sex,bu->major,bu->dorm);
        getchar();                       /*剔除回车符*/
        save(fp,bu);
    }
    fclose(fp);
    if((fp=fopen("studentinfo.info","r"))==NULL){
        printf("打开学生信息文件失败");
        exit(1);
    }
    while(1){
        read(fp,bu);
        printf("学号:%d\n",bu->id_num);
        printf("姓名:%s\n",bu->name);
        printf("年龄:%d\n",bu->age);
        printf("入学: %d\n",bu->book_year);
        printf("性别:%s\n",bu->sex=='m'?"男":"女");
        printf("专业:%s\n",bu->major);
        printf("宿舍:%s\n\n",bu->dorm);
        if(fgetc(fp)==EOF)
            break;
        fseek(fp,-1L,SEEK_CUR);
    }
    fclose(fp);
    return 0;
}
```

> **注意：**

程序中使用的是 fread() 和 fwrite() 函数来完成结构体数据的读取，本示例代码示例了 fgetc() 在每次读取一个块数据后判断是否到文件末尾，在未到末尾的情况下要回调一个字节的偏移，实现 feof() 类似功能。

运行结果示例：

```
学号: 101
姓名: 小李
年龄: 20
入学: 2020
性别: 男
专业: 大数据工程技术
宿舍: 2#403室

学号: 201
姓名: 小王
年龄: 19
入学: 2021
性别: 女
专业: 软件工程技术
宿舍: 3#508
```

【案例分析】

学生信息管理系统维护的是各学生的相关信息，包括对其建立、修改、删除、查找等工作，这些数据必须能够长期保存，以便可能长期进行管理和维护。学生的相关信息又可分为个人基本信息、学籍管理信息、日常行管信息等。即使在本例中做了很大程度的简化，仍涉及多项字段，各字段类型大多是不同类型的复杂结构，所以应当使用结构体进行描述。相应的文件操作也应使用二进制方式按块进行存取。文件打开方式使用了"a+"模式。本案例与第 12 章中的学生信息记录的设计方法基本相同，但记录的文件操作仍是逐条进行的。

11.6 小结

文件操作是最直接面向项目实践的内容，C 语言通过"流"的方式，最大化降低了与操作系统环境交互的复杂度，通过 FILE 指针和 C 语言提供的各种函数，可以很容易地开发各类程序。

- FILE 指针是操作文件的基础，对文件的打开、关闭、读写操作都要使用它。
- 缓冲型 I/O 访问外部文件是有延迟的，应在必要时主动"刷新"操作，或在完成操作后及时关闭文件。
- 文件的打开方式决定了如何使用文件，不合适的打开模式可能会导致读写失败。
- 文件的读写可以以不同的单位大小进行，可根据操作的数据类型对运行效率合理进行选择。
- 文件的定位操作可分为相对位置和绝对位置两种，又可分为 2 GB 以下和 2 GB 以上两种，应正确理解头尾、当前位置及偏移量，以确保正确定位。

11.7 习题

1. 选择题。

（1）若要打开 A 盘上 user 子目录下名为 abc.txt 的文本文件进行读、写操作，下面符合此要求的函数调用是（　　）。

　　A. fopen("A:\user\abc.txt","r")　　　　B. fopen("A:\\user\\abc.txt","r+")

　　C. fopen("A:\user\abc.txt","rb")　　　　D. fopen("A:\\user\\abc.txt","w")

（2）若 fp 已正确定义并指向某个文件，当未遇到该文件结束标志时，函数 feof(fp) 的值为（　　）。

　　A. 0　　　　　　　　B. 1　　　　　　　　C. -1　　　　　　　　D. 一个非 0 值

（3）已经存在一个 file1.txt 文件，执行函数 fopen("file1.txt","r+") 的功能是（　　）。

　　A. 打开 file1.txt 文件，清除原有的内容

　　B. 打开 file1.txt 文件，只能写入新的内容

　　C. 打开 file1.txt 文件，只能读取原有内容

D. 打开 file1.txt 文件，可以读取和写入新的内容

(4) fread(buf,64,2,fp)的功能是（　　）。

A. 从 fp 所指向的文件中，读出整数 64，并存放在 buf 中

B. 从 fp 所指向的文件中，读出整数 64 和 2，并存放在 buf 中

C. 从 fp 所指向的文件中，读出 64 字节的字符，读两次，并存放在 buf 地址中

D. 从 fp 所指向的文件中，读出 64 字节的字符，并存放在 buf 中

(5) 以下程序的功能是（　　）。

```
main()
{
    FILE *fp;
    char str[]="Beijing 2008";
    fp = fopen("file2","w");
    fputs(str,fp);
    fclose(fp);
}
```

A. 在屏幕上显示"Beiing 2008"

B. 把"Beijing 2008"存入 file2 文件中

C. 在打印机上打印出"Beiing 2008"

D. 以上都不对

(6) 以下程序是建立一个名为 myfile 的文件，并把从键盘输入的字符存入该文件，当键盘上输入结束时关闭该文件。选择正确内容填空。

```
main()
{   FILE *fp;
    char c ;
    char name[10];
    fp=fopen("myfile", (1) "wb" (2) );
    do
    {   c=getchar();
        fputc(c, fp);
    } while(c!=EOF);
    fclose(fp);
}
```

(1) A. fgets　　　　B. fopen　　　　C. fclose　　　　D. fgetc
(2) A. "r"　　　　B. "r+"　　　　C. "w"　　　　D. "w+"

2. 问答题。

什么叫"缓冲文件系统"？

3. 编程题。

从键盘输入一个字符串，将其中的小写字母全部转换成大写字母，然后输出到一个磁盘文件"test"中并保存，输入的字符串以"!"表示结束。

第 12 章 综合训练：学生信息管理系统的开发与实现

【学习目标】

- 掌握项目开发的方法和流程
- 掌握规范化编程的方法和技巧
- 掌握常用的一些简单算法
- 了解数据结构设计在项目开发中的方法和作用
- 通过项目案例进一步熟悉程序调试方法过程
- 拓展所学知识综合运用能力

　　程序一般由两部分组成：算法和数据结构。合理选择数据结构（或设计数据结构），对程序的开发具有重要的作用。制作一个简单的基本学生信息管理程序可能并不困难，但如果要实现能随意地可以查找、添加、删除等操作，且能保证丰富的学生信息记录就不那么容易了。

　　通过学生信息管理系统的开发与实现，本章介绍应用 C 语言开发项目的整个过程及相关知识点的运用。首先，介绍项目开发背景及环境、顶层设计，使读者对项目的确定、开发环境的选择、项目顶层设计的大体过程和工作内容有一个全面的了解。其次，介绍项目公共模块和功能模块的设计，使读者了解模块化程序设计的特点、方法及注意事项。最后，介绍项目以链表为数据结构，相对侧重指针与结构体的使用，使读者进一步熟悉 C 的语言灵活性高、功能强大的特点，加深对 C 语言基本概念和基本理论的理解。通过这个项目进一步巩固前面所学的相关知识，并初步了解和掌握数据结构和软件工程部分内容。

12.1 开发背景及环境

1. 开发背景

　　通常一所学校的学生数量很大，往往从几千到过万不等。因此，教学管理、日常行政管理、后勤管理、毕业就业管理等相关信息进行维护的工作量巨大。如果仅依靠纸质档案，将耗费大量人力物力。

开发一套学生信息管理系统，借助计算机的快速处理能力，会极大提高相关信息的管理效率，并且信息系统的数据备份也会提高数据的可靠性，防止历史信息丢失。

实际上，现代学校大多会有专门的学生信息管理系统，一般由相关的管理人员负责维护。本章使用 C 语言开发一个简化的控制台版学生信息管理系统，对于学校的任课教师、学生骨干以及其他不需更为复杂的相关人员，辅助他们的工作，将会提供了一个不错的手段。

2. 开发环境

硬件环境：32 位或 64 位 PC 机一台，推荐内存在 1 GB 及以上。

软件环境：任意可以安装运行 C 语言开发环境操作系统、Code::Blocks 17、Dev-C++ 4.0、VC 6.0 或者更高版本。

12.2 系统设计

12.2.1 系统目标

系统以辅助学生学习管理、行政管理为主要目标，涉及学生各种相关信息。虽然只是控制台程序，但也要满足交互界面友好，操作灵活、方便、快捷、准确、数据存储安全。

- 交互信息及时刷新。
- 程序与数据分离。
- 系统易操作易维护可扩展。
- 系统运行稳定。

12.2.2 系统功能结构

学生信息管理系统的功能结构如图 12-1 所示。

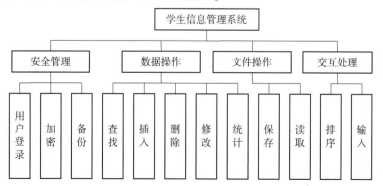

图 12-1 学生信息管理系统的功能结构

其中，统计、排序及加密等模块，本项目作为基础调用，直接为其他模块提供支持。不单独设计菜单操作，可以在代码中查看相关实现方法。

12.2.3 系统工作流程

系统用户管理的账户信息、学生信息分别使用独立文件存储。数据的读写均经过加密模块处理。程序通过主界面控制各功能的执行。具体流程如图 12-2 所示。

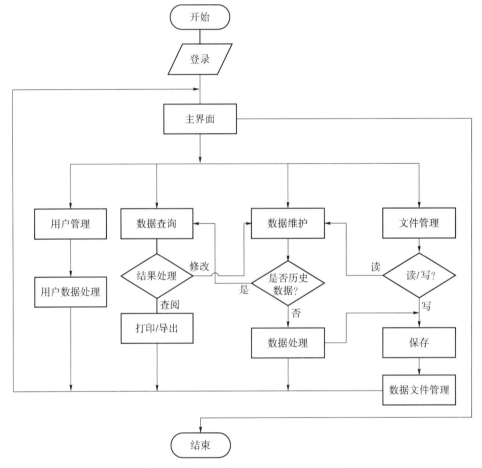

图 12-2 学生信息管理系统工作流程图

12.2.4 编码规则

1. 代码缩进

代码每级缩进统一为 4 字符，使用 Tab 制表位。

2. 常量和变量的命名

常量命名统一为大写格式。变量命名采用小写；如果是成员变量，就以"m_"开头；如果是指针，就以"p_"开头；如果是指针型成员变量，就以"mp_"开头。例如：

```
#define PI 3.14              /*常量*/
int tmp;                     /*普通变量*/
int m_tmp;                   /*成员变量*/
int *p_tmp;
int *mp_tmp;                 /*指针型成员变量*/
```

3. 函数名及参数的命名

函数名的首字母应大写,其后的字符按骆驼式命名法命名。参数按变量命名规则命名。

```
void GetName(FILE *fp,char *name);
```

12.3 公共模块设计

12.3.1 数据结构设计

1. 管理用户账户数据

管理用户账户数据量小,内容简单,可采用单一结构体,不同用户信息逐次读取文件。为防止内存搜索程序查看密码信息,结构体数据内存及磁盘中均采取加密方式存储。

2. 学生信息数据

总体上,学生信息分为基本个人信息、在校学习情况信息。为了突出程序设计的一般过程、简化处理细节,这里仅使用一个结构体来表述学生信息,作为处理的基本单位,即数据元素。为防止内存搜索程序查看学生个人信息,同样使用内存中直接加密的方式存储。

相对于管理用户的账户数据,学生信息的数据量较大,内容也更为丰富和复杂,因此系统中采用带头节点、双向链表的方式组织数据,外部存储则使用顺序方式存储。数据排序功能在链表建立和维护中,采用插入排序算法直接实现。

12.3.2 公共模块设计

公共模块设计包括在程序中使用的宏定义、数据结构定义、公共的函数声明,这些内容在头文件 stu_info.h 里实现;另外,公共的函数在 com_func.c 中定义。

1. stu_info.h

代码如下:

```
#include <stdlib.h>
#include <time.h>
#include <conio.h>
#include <string.h>

/*各模块菜单*/
#define M_MENU "------------------------------ \n\
```

```
                学生信息管理系统\n\n\
    1. 用户管理    2. 数据查询\n\
    3. 数据维护    4. 文件管理\n\
    5. 退出\n\
    ---------------------------- \n"

#define U_MENU "---------------------------- \n\
                用户管理模块\n\n\
    1. 添加账号    2. 修改密码\n\
    3. 删除账号    4. 查看列表\n\
    5. 返回\n\
    ---------------------------- \n"

#define L_MENU "---------------------------- \n\
                查询功能模块\n\n\
    1. 姓名查询    2. 学号查询\n\
    3. 高级查询    4. 显示全部\n\
    5. 导出结果    6. 返回\n\
    ---------------------------- \n"

#define P_MENU "---------------------------- \n\
                维护功能模块\n\n\
    1. 添加学生    2. 修改学生信息\n\
    3. 删除学生    4. 保存数据\n\
    5. 统计学生数量\n\
    6. 返回\n\
    ---------------------------- \n"

#define F_MENU "---------------------------- \n\
                文件管理模块\n\n\
    1. 新建班级    2. 删除班级\n\
    3. 备份        4. 返回\n\
    ---------------------------- \n"

/*各级提示符*/
#define M_PROMPT "主菜单>"
#define U_PROMPT "用户>"
#define L_PROMPT "查询>"
#define P_PROMPT "维护>"
#define F_PROMPT "文件>"

/* Typeinfo.h 定义学生信息结构 声明 read() 和 save() 函数 */
#ifndef S_INFO
```

```c
    #define S_INFO
    #define WORD "liaoningligongzhiyedaxue"
    typedef struct student_info{
        char m_name[30];
        int m_id_num;
        int m_age;
        int m_book_year;
        char m_sex;
        char m_major[30];
        char m_dorm[30];
        float m_score;
        struct student_info * mp_prior;
        struct student_info * mp_next;
    }stu_info, * STU_INFO;
#endif // S_INFO

#ifndef USER_INFO
    #define USER_INFO
    typedef struct user_info{
        char acc_num[20];
        char password[20];
        int flag;              /*访问标识*/
    }Uinfo, * UINFO;
#endif // USER_INFO

void AddStu();
void CountStu();
void DelStu(STU_INFO);
void Encrypt(STU_INFO,STU_INFO);
void FileMenu();
void MaintMenu();
void UserMenu();
void PrintSer(STU_INFO);
char ReEncodeC(char ch);
void StarPsw(char * a);
void SaveStu();
void MemFree(STU_INFO);
void ModiStu(STU_INFO);
void NameSearch();
void IdSearch();
void LookupMenu();
void LoadStu();
void LoadStuDate();
```

```c
void LookAll();
void login();
int XorEncode(char *srcstr,char *tarstr);
void XorFloat(float *);
void XorInt(int *);
```

2. com_func.c

代码如下:

```c
#include <stdio.h>
#include <string.h>
#include "stu_info.h"

/*简单地按字符取反码*/
char ReEncodeC(char ch){
    return(~ch);
}

/*srcstr 原字符串,tarstr 目标字符串,
  tarstr 定义大小不小于 srcstr
  tarstr 输入时携带密钥*/
int XorEncode(char *srcstr,char *tarstr){
    if(!strlen(srcstr)){
        printf("无预加密数据\n");
        return 1;
    }
    if(!strlen(tarstr)){
        printf("无加密密钥");
        return 1;
    }
    char a,b;
    char c[20];
    strcpy(c,tarstr);          /*用于交换高低4个字节*/
    int i,j;
    for(i=0;i<strlen(srcstr);i++){
        for(j=0;j<strlen(c);j++){
            a=c[j];a=a<<4;     /*低4位升高*/
            b=c[j];b=b>>4;     /*高4位降低*/
            a=a^b;             /*交换*/
            tarstr[i]=srcstr[i]^a;  /*逐位 XOR 加密*/
        }
    }
    for(j=i;j<sizeof(WORD);j++)
        tarstr[j]=0;
    return 0;
}
```

```c
/*结构体整体加解密*/
void Encrypt(STU_INFO p_s,STU_INFO s){#           /*p_s:目标,s:源*/
    strcpy(p_s->m_name,WORD);
    XorEncode(s->m_name,p_s->m_name);
    p_s->m_id_num=s->m_id_num;
    XorInt(&p_s->m_id_num);
    p_s->m_age=s->m_age;
    XorInt(&p_s->m_age);
    p_s->m_sex=ReEncodeC(s->m_sex);
    p_s->m_book_year=s->m_book_year;
    XorInt(&p_s->m_book_year);
    strcpy(p_s->m_major,WORD);
    XorEncode(s->m_major,p_s->m_major);
    strcpy(p_s->m_dorm,WORD);
    XorEncode(s->m_dorm,p_s->m_dorm);
    p_s->m_score=s->m_score;
    XorFloat(&p_s->m_score);
}

/*浮点数不支持直接位运算,传址调用,强制按字符逐字节处理*/
void XorFloat(float *f){
    char c[]=WORD,a,b;
    char *p_f=(char *)f;
    int i,j;
    for(i=0;i<sizeof(float);i++){
        for(j=0;j<strlen(c);j++){
            a=c[j];a=a<<4;                        /*低4位升高*/
            b=c[j];b=b>>4;                        /*高4位降低*/
            a=a^b;
            p_f[i]=p_f[i]^a;
        }
    }
}

/*整型加密,同浮点方法*/
void XorInt(int *d){
    char c[]=WORD,a,b;
    char *p_i=(char *)d;
    int i,j;
    for(i=0;i<sizeof(int);i++){
        for(j=0;j<strlen(c);j++){
            a=c[j];a=a<<4;                        /*低4位升高*/
            b=c[j];b=b>>4;                        /*高4位降低*/
```

```
                a=a^b;
                p_i[i]=p_i[i]^a;
            }
        }
}

/*星号接收密码*/
void StarPsw(char *p_a){
    int i;
    for(i=0;i<20;i++){
        p_a[i]=(unsigned char)getch();
        putchar('*');
        if(p_a[i]==13){
            p_a[i]=0;
            break;
        }
    }
    return;
}
```

12.3.3 主函数设计

主函数完成账号登录及二级功能模块的选择。二级模块主要包括用户管理模块、查询功能模块、数据维护功能模块、文件管理功能模块。使用 switch 分支结构实现分支选择。

main.c 代码如下:

```c
#include <stdio.h>
#include <stdlib.h>
#include <string.h>
#include "stu_info.h"

stu_info head;
STU_INFO p_rear;
int length;

int main()
{
    int in;
    login();
    system("cls");              /*DOS调用,清屏*/
    length=0;
```

```c
        p_rear=&head;
        p_rear->mp_next=NULL;              /*在全局变量声明后,直接赋值报错*/
        p_rear->mp_prior=NULL;
        while(1){
            printf(M_MENU);
            printf(M_PROMPT);
            scanf(" %d",&in);
            switch(in){
            case 1:
                UserMenu();
                system("cls");
                break;
            case 2:
                LookupMenu();
                system("cls");
                break;
            case 3:
                MaintMenu();
                system("cls");
                break;
            case 4:
                FileMenu();
                system("cls");
                break;
            case 5:
                MemFree(head.mp_next);
                return 0;
            default:
                system("cls");
                printf("请输入菜单前正确数字:\n");
            }
        }
        return 0;
    }
```

12.4 功能模块设计

12.4.1 登录模块设计

登录模块 login.c 在程序启动后首先执行,其主要功能:检测系统是否存在历史账号信息，如果存在读取账号数据，则提示输入用户账号和密码，完成用户登录；如果不存在，则引导用户注册第一个使用账号并登录。

代码如下：

```c
#include <stdio.h>
#include <stdlib.h>
#include <string.h>
#include "stu_info.h"

void login(){
    char name[20];
    char password[20];
    FILE *p_ini,*p_user;
    int a;
    Uinfo u;
    if((p_ini=fopen("student.ini","r"))==NULL){
        printf("首次使用本系统,请输入一个用户名:");
        scanf("%s",name);
        printf("\n请输入密码:");
        StarPsw(password);
        /* student.ini 用于软件版本、用户配置相关信息 */
        if((p_ini=fopen("student.ini","w"))==NULL){
            printf("系统配置文件创建失败\n");
            exit(1);
        }
        fputs("class=0\n",p_ini);
        if((p_user=fopen("user.info","a+"))==NULL){
            printf("用户数据文件创建失败");
            exit(1);
        }
        strcpy(u.acc_num,password);
        XorEncode(name,u.acc_num);
        strcpy(u.password,password);
        XorEncode(password,u.password);
        if(!fwrite(&u,sizeof(u),1,p_user)){
            printf("用户信息写入文件失败");
            exit(1);
        }
        fputs("version=1.0.0\n",p_ini);
        fputs("user=1\n",p_ini);fclose(p_user);fclose(p_ini);
    }
    if((p_user=fopen("user.info","r"))==NULL){
            printf("读取用户信息失败");
            exit(1);
        }
```

```c
    do{
        printf("***  用户登录  ***\n");
        printf("请输入用户名:");
        scanf("%s",name);
        printf("\n请输入密码:");
        StarPsw(password);
        XorEncode(name,password);
        fread(&u,sizeof(u),1,p_user);
        while(1){
            if(!strcmp(u.acc_num,password)){
                fclose(p_user);
                return;}
            else if((a=fgetc(p_user))!=EOF){
                fseek(p_user,-1L,SEEK_CUR);
                fread(&u,sizeof(u),1,p_user);
            }
            else
                break;
        }
        printf("\n账号或者密码不正确,请重新输入\n");
        rewind(p_user);
    }while(1);
}
```

12.4.2 用户管理模块设计

用户管理模块 user.c 的主要功能：对使用本系统的用户账号的添加、修改和删除。本模块没有使用在头文件声明用到的函数，其目的是通过和其他模块对比，读者可进一步了解函数声明、定义和使用的方法。

代码如下：

```c
#include <stdio.h>
#include "stu_info.h"

void AddUser(FILE *p_user){                /*同名用户不同密码视为不同账号*/
    char name[20];
    char password[20];
    Uinfo u1,u2;
    /* int a;可定义一个整型,用于记录用户数量 */
    printf("\n添加>请输入用户名:");
    scanf("%s",name);
    printf(U_PROMPT"请输入密码:");
    StarPsw(password);
```

```c
        strcpy(u1.acc_num,password);
        XorEncode(name,u1.acc_num);
        strcpy(u1.password,password);
        XorEncode(password,u1.password);
        while(!feof(p_user)){
            fread(&u2,sizeof(u2),1,p_user);
            if(!strcmp(u1.acc_num,u2.acc_num)){
                printf("\n 用户已存在");
                system("pause");              /*DOS 调用,暂停*/
                return;
            }
        fseek(p_user,0L,SEEK_END);
        fwrite(&u1,sizeof(u1),1,p_user);
        rewind(p_user);
        printf("添加用户成功");
        system("pause");
        return;
        }
}

void ModiUser(FILE *p_user){
    char name[20];
    char password[20];
    Uinfo u1,u2;
    printf("\n 本版本仅提供修改本次登录账号密码\n");
    printf(U_PROMPT"修改密码>请确认用户名:");
    scanf("%s",name);
    printf(U_PROMPT"请输入原密码:");
    StarPsw(password);
    strcpy(u1.acc_num,password);
    XorEncode(name,u1.acc_num);
    strcpy(u1.password,password);
    XorEncode(password,u1.password);
    while(!feof(p_user)){
        fread(&u2,sizeof(u2),1,p_user);
        if(!strcmp(u1.acc_num,u2.acc_num)){
            printf("\n"U_PROMPT"请输入新密码:");
            StarPsw(password);
            strcpy(u1.password,password);
            XorEncode(password,u1.password);
            printf("\n"U_PROMPT"请再次输入新密码:");
            StarPsw(password);
            strcpy(u2.password,password);
```

```c
                XorEncode(password,u2.password);
                strcpy(u1.acc_num,password);
                XorEncode(name,u1.acc_num);
                if(!strcmp(u1.password,u2.password)){
                    fseek(p_user,(long int)(- sizeof(u1)),SEEK_CUR);
                    fwrite(&u1,sizeof(u1),1,p_user);
                    printf("密码已修改");system("pause");
                    }
                else printf("密码不一致,请重新操作\n");system("pause");
                return;
            }
        printf(U_PROMPT"用户名不正确");
        return;
        }
}

void DeleUser(FILE * p_user){
    printf(U_PROMPT"留作学生练习\n");
    system("pause");
    return;
}

void UserMenu(){
    int in;
    FILE * p_user;
    system("cls");
    if((p_user=fopen("user.info","r+"))==NULL){
        printf("打开用户数据失败");
        exit(1);
    }
    while(1){
        printf(U_MENU);
        printf(U_PROMPT);
        scanf(" % d",&in);
        switch(in){
        case 1:
            AddUser(p_user);                    /*添加用户*/
            system("cls");
            break;
        case 2:
            ModiUser(p_user);                   /*修改密码*/
            system("cls");
            break;
```

```
            case 3:
                DeleUser(p_user);              /*删除用户*/
                system("cls");
                break;
            case 4:
                printf("本版本,每一账号信息独立加密,暂不提供列表功能,");
                system("pause");
                system("cls");
                break;
            case 5:fclose(p_user);return;
            default:
                system("cls");
                printf("请输入菜单前正确数字:\n");
        }
    }
}
```

12.4.3 查询功能模块设计

查询功能模块 lookup.c 的主要功能:按姓名查找、按学号查找、高级查找和遍历浏览所有学生等功能,关于学生数量统计,穿插在各分功能中体现。由于查询和维护两个模块具有很大关联性,在使用中可以相互调用和跳转。

代码如下:

```
#include <stdio.h>
#include"stu_info.h"

extern int length;
extern stu_info head,* p_rear;
void Display(STU_INFO p);

void LookupMenu(){
    int in;
    system("cls");
    STU_INFO p_result=NULL;                    /*多查询结果队列指针*/
    CountStu();
    while(1){
        printf(L_MENU);
        printf(L_PROMPT);
        scanf(" %d",&in);
        switch(in){
            case 1:
                if(p_result){
```

```
                    p_result=NULL;              /*重新查询清空,历史查询结果*/
                }
                NameSearch(p_result);
                system("cls");
                break;
            case 2:
                if(p_result)
                    p_result=NULL;
                IdSearch();
                system("cls");
                break;
            case 3:
                printf("留作学生练习,提示"通过逻辑运算完成多条件检索"。");
                system("cls");
                break;
            case 4:
                LookAll();
                system("cls");
                break;
            case 5:
                PrintSer(p_result);
                system("cls");
                break;
            case 6:
                MemFree(p_result);
                return;
            default:
                system("cls");
                printf("请输入菜单前正确数字:\n");
        }
    }
}

void SortResult(STU_INFO p_r,STU_INFO p){
                        /*p_r结果队列,p查询结果,仅示例按学号插入升序排序*/
    STU_INFO q,s,k;
    int a,b;
    if((q=(STU_INFO)malloc(sizeof(stu_info)))==NULL){
        printf("内存不足");
        system("pause");
        return;
    }
    *q=*p;
```

```c
        if(!p_r){                        /*插入空表*/
            p_r=q;
            p_r->mp_prior=NULL;
            p_r->mp_next=NULL;
            return;
        }
        else{
            a=q->m_id_num;
            XorInt(&a);
            s=p_r;
            while(s){
                b=s->m_id_num;
                XorInt(&b);
                if(a<=b){                /*升序*/
                    q->mp_prior=s->mp_prior;
                    q->mp_next=s;
                    s->mp_prior=q;
                    if(q->mp_prior)      /*插表中*/
                        q->mp_prior->mp_next=q;
                    else
                        p_r=q;           /*插表头*/
                    return;
                }
                k=s;
                s=s->mp_next;
            }
            k->mp_next=q;                /*插表尾*/
            q->mp_prior=k;
            q->mp_next=NULL;
        }
        return;
}

void NameSearch(STU_INFO p_r){
    char name[20];
    char ch;
    STU_INFO p;
    printf("\n"L_PROMPT"请输入学生姓名:");
    scanf("%s",name);
    CountStu();
    p=head.mp_next;
    while(p){
        char s[]=WORD;
```

```c
            XorEncode(name,s);
            if(!strcmp(p->m_name,s)){
                SortResult(p_r,p);
                Display(p);
                printf("键入"0":(继续),"1"(修改),"2"(删除),其他退出:");
                scanf(" %c",&ch);
                switch(ch){
                case '0':
                    printf("继续查找同名学生按"0",查找其他学生请按"1":");
                    char ch2;
                    if((ch2=getch())=='0'){
                        p=p->mp_next;break;
                    }
                    else if((ch2=getch())=='1'){
                        printf("\n"L_PROMPT"请输入学生姓名:");
                        scanf("%s",name);
                        p=head.mp_next;break;
                    }
                    else
                        printf("输入不正确,退出查找...");
                        system("pause");return;
                case '1':
                    ModiStu(p);break;
                case '2':
                    DelStu(p);break;
                default:
                    printf("\n 结束查找,退出");
                    system("pause");
                    return;
                }
            }
            else{
                p=p->mp_next;
            }
        }
        printf("\n 已查询所有学生");
        system("pause");
        return;
}

void IdSearch(){
    int id;
    char ch;
```

```c
        STU_INFO p;
        printf("\n"L_PROMPT"请输入学生学号:");
        scanf("%d",&id);
        CountStu();
        p=head.mp_next;
        while(p){
            int cpy_id=id;
            XorInt(&cpy_id);
            if(p->m_id_num==cpy_id){
                Display(p);
                printf("\n 键入"0":(继续),"1"(修改),"2"(删除),其他退出:");
                scanf(" %c",&ch);
                switch(ch){
                case '0':
                    printf("\n"L_PROMPT"请输入下一个要查找的学生学号:");
                    scanf("%d",&id);
                    p=head.mp_next;break;
                case '1':
                    ModiStu(p);break;
                case '2':
                    DelStu(p);break;
                default:
                    printf("\n 结束查找,退出\n");
                    system("pause");
                    return;
                }
            }
            else{
                p=p->mp_next;
            }
        }
        printf("\n 已查找全部学生\n");
        system("pause");
        return;
}

void Display(STU_INFO p){                    /* p:预处理的当前节点 */
    stu_info s;
    Encrypt(&s,p);
    printf("\n"L_PROMPT"姓名:%s\n",s.m_name);
    printf("    学号:%d\n",s.m_id_num);
    printf("    年龄:%d\n",s.m_age);
    printf("    入学:%d\n",s.m_book_year);
```

```c
        printf("        性别:%s\n",s.m_sex=='f'?"女":"男");
        printf("        专业:%s\n",s.m_major);
        printf("        宿舍:%s\n",s.m_dorm);
        printf("        成绩:%3.1f\n",s.m_score);
        return;
}

void PrintSer(STU_INFO p_s){
    /*stdprn 为打印机文件流指针,需要 C 语言环境支持,
    如果所使用环境不支持,可使用 freopen()方法尝试*/
    stu_info s;
    STU_INFO p=p_s;
    if(!p){
        printf("无可打印内容");
        system("pause");
        return;
    }
    while(p){
        Encrypt(&s,p);
        fprintf(stdprn,"\n"L_PROMPT"姓名:%s\n",s.m_name);
        fprintf(stdprn,"        学号:%d\n",s.m_id_num);
        fprintf(stdprn,"        年龄:%d\n",s.m_age);
        fprintf(stdprn,"        入学:%d\n",s.m_book_year);
        fprintf(stdprn,"        性别:%s\n",s.m_sex=='f'?"女":"男");
        fprintf(stdprn,"        专业:%s\n",s.m_major);
        fprintf(stdprn,"        宿舍:%s\n",s.m_dorm);
        fprintf(stdprn,"        成绩:%f\n",s.m_score);
        p=p->mp_next;
    }
    printf("学生信息打印完毕");
    system("pause");
    return;
}

void LookAll(){
    int i,j;
    system("cls");
    CountStu();
    stu_info s[3];
    STU_INFO p=head.mp_next;
    while(p){                    /*问题规模较大时,尽量不使用多重循环*/
        for(i=0;i<2;i++){        /*纵向两名同学*/
            for(j=0;j<3;j++){    /*横向三名同学*/
```

```c
            if(p){
                Encrypt(&s[j],p);
                p=p->mp_next;
            }
            else
                s[j].m_age=0;
    }
    /*三记录8行*3列*/
    for(j=0;j<3;j++){
        if(s[j].m_age==0)break;
        printf("姓名:%-17s",s[j].m_name);
    }
    putchar('\n');
    for(j=0;j<3;j++){
        if(s[j].m_age==0)break;
        printf("学号:%-17d",s[j].m_id_num);
    }
    putchar('\n');
    for(j=0;j<3;j++){
        if(s[j].m_age==0)break;
        printf("年龄:%-17d",s[j].m_age);
    }
    putchar('\n');
    for(j=0;j<3;j++){
        if(s[j].m_age==0)break;
        printf("性别:%-17s",s[j].m_sex=='f'?"女":"男");
    }
    putchar('\n');
    for(j=0;j<3;j++){
        if(s[j].m_age==0)break;
        printf("入学:%-17d",s[j].m_book_year);
    }
    putchar('\n');
    for(j=0;j<3;j++){
        if(s[j].m_age==0)break;
        printf("专业:%-17s",s[j].m_major);
    }
    putchar('\n');
    for(j=0;j<3;j++){
        if(s[j].m_age==0)break;
        printf("宿舍:%-17s",s[j].m_dorm);
    }
    putchar('\n');
```

```c
            for(j=0;j<3;j++){
                if(s[j].m_age==0)break;
                printf("成绩:%-17.1f ",s[j].m_score);
            }
            putchar('\n');
            putchar('\n');
            if(!p){
                printf("已显示全部记录    ");
                system("pause");
                return;
            }
        }
        printf("还有%d名学生未显示,",length-6);
        system("pause");
    }
}
```

12.4.4 数据维护模块设计

数据维护模块 maintain.c 的主要功能是添加、修改、删除学生信息,与查询模块配合工作。本模块更强调对数据的编辑,链表的操作在本模块体现比较集中。

代码如下:

```c
#include <stdio.h>
#include <string.h>
#include "stu_info.h"

extern stu_info head,*p_rear;
extern int length;

void MaintMenu(){
    int in;
    STU_INFO p=NULL;
    system("cls");
    while(1){
        printf(P_MENU);
        printf(P_PROMPT);
        scanf(" %d",&in);
        switch(in){
            case 1:
                AddStu();
                system("cls");
                break;
```

```
            case 2:
                ModiStu(p);
                p=NULL;
                system("cls");
                break;
            case 3:
                DelStu(p);
                p=NULL;
                system("cls");
                break;
            case 4:
                SaveStu();
                system("cls");
                break;
            case 5:
                CountStu();
                system("pause");
                break;
            case 6:
                return;
            default:
                system("cls");
                sprintf("请输入菜单前正确数字:\n");
        }
    }
}


void InsLink(STU_INFO p_s,STU_INFO s){          /*带头节点,新建数据尾插法*/
    Encrypt(p_s,s);
    p_rear->mp_next=p_s;
    p_s->mp_prior=p_rear;

    p_s->mp_next=NULL;
    p_rear=p_s;
    length++;
}


void AddStu(){
    stu_info s;
    STU_INFO p_s;                               /*工作指针*/
    for(;;){
if((p_s=(STU_INFO)malloc(sizeof(stu_info)))==NULL){
            printf("内存空间不足");
```

```c
            return;
        }
        printf("\n"M_PROMPT"请输入学生姓名:");
        scanf("%s",s.m_name);
        if(strlen(s.m_name)<2){
            free(p_s);              /*小于两个字符退出输入*/
            return;
        }
        printf("\n"M_PROMPT"请输入学号:");
        scanf("%d",&s.m_id_num);
        printf("\n"M_PROMPT"请输入年龄:");
        scanf("%d",&s.m_age);
        printf("\n"M_PROMPT"请输入性别(f/m):");
        scanf(" %c",&s.m_sex);
        printf("\n"M_PROMPT"请输入入学年份:");
        scanf("%d",&s.m_book_year);
        printf("\n"M_PROMPT"请输入专业:");
        scanf("%s",s.m_major);
        printf("\n"M_PROMPT"请输入宿舍:");
        scanf("%s",s.m_dorm);
        printf("\n"M_PROMPT"请输入成绩:");
        scanf("%f",&s.m_score);
        InsLink(p_s,&s);
    }
}

void MemFree(STU_INFO p){
    STU_INFO s;
    if(p!=&head&&p){
        s=p->mp_next;
        free(p);
        p=s;
    }
    return;
}

void ModiStu(STU_INFO p){
    char ch;
    stu_info s;
    if(!p){
        printf("\n 请键入\"0\"按姓名查找并修改,\"1\"按学号查找并修改:");
        ch=getch();
        if(ch=='0' )
```

```c
            NameSearch(p);
        else if(ch=='1')
            IdSearch(p);
        else{
            printf("键入不正确");
        }
        return;
    }
    printf("\n请输入当前学生新的相关信息:\n");
    printf("\n"M_PROMPT"请输入学生姓名:");
    scanf("%s",s.m_name);
    if(strlen(s.m_name)<2){
        return;
    }
    printf("\n"M_PROMPT"请输入学号:");
    scanf("%d",&s.m_id_num);
    printf("\n"M_PROMPT"请输入年龄:");
    scanf("%d",&s.m_age);
    printf("\n"M_PROMPT"请输入性别(f/m):");
    scanf(" %c",&s.m_sex);
    printf("\n"M_PROMPT"请输入入学年份:");
    scanf("%d",&s.m_book_year);
    printf("\n"M_PROMPT"请输入专业:");
    scanf("%s",s.m_major);
    printf("\n"M_PROMPT"请输入宿舍:");
    scanf("%s",s.m_dorm);
    printf("\n"M_PROMPT"请输入成绩:");
    scanf("%f",&s.m_score);
    Encrypt(p,&s);
    SaveStu();
    return;
}

void DelStu(STU_INFO p){
    char ch;
    if(!p){
        printf("\n请键入\"0\"按姓名查找并删除,\"1\"按学号查找并删除:");
        ch=getch();
        if(ch=='0')
            NameSearch(p);
        else if(ch=='1')
            IdSearch(p);
        else{
```

```
            printf("键入不正确");
        }
        return;
    }
    if(p==p_rear){
        p=p_rear;
        p_rear->mp_prior->mp_next=NULL;
        p_rear=p_rear->mp_prior;
    }
    else{
        p->mp_prior->mp_next=p->mp_next;
        p->mp_next->mp_prior=p->mp_prior;
    }
    free(p);
    length--;
    printf("数据已删除");
    SaveStu();
    return;
}

void CountStu(){
    if(length)
    printf("\n系统当前学生数量:%d 名\n",length);
    else{
        LoadStu();
        printf("\n系统当前学生数量:%d 名\n",length);
    }
}
```

12.4.5 文件处理模块设计

文件处理模块 file.c 的内容与目录操作相关，限于篇幅，本节对涉及目录操作的内容进行了删略，有兴趣的同学可以查阅相关资料及 dir.h 进行学习，并对本例进行完善。保留在此模块的功能主要是从文件读入学生数据和保存学生数据到文件，以及备份学生数据。

代码如下：

```
#include <stdio.h>
#include"stu_info.h"

extern stu_info head,* p_rear;
extern int length;
void Backup();
```

```c
void FileMenu(){
    int in;
    system("cls");
    while(1){
        printf(F_MENU);
        printf(F_PROMPT);
        scanf(" %d",&in);
        switch(in){
        case 1:
            printf("本功能作为学生扩展学习目录操作的练习\n");
            system("pause");
            system("cls");
            break;
        case 2:
            printf("本功能作为学生扩展学习目录操作的练习\n");
            system("pause");
            system("cls");
            break;
        case 3:
            Backup();
            system("cls");
            break;
        case 4:
            return;
        default:
            system("cls");
            printf("请输入菜单前正确数字：\n");
        }
    }
}

/*外部读入*/
void LoadStu(){
    length=0;
    int a;
    p_rear=&head;
    FILE *p_stu;
    STU_INFO p;
    if((p_stu=fopen("studata.info","r"))==NULL){
        printf("打开文件失败");
        return;
```

```c
        }
        while((a=fgetc(p_stu))!=EOF){
            fseek(p_stu,-1L,SEEK_CUR);
            if((p=(STU_INFO)malloc(sizeof(stu_info)))==NULL){
                printf("内存空间不足");
                system("pause");return;
            }
            fread(p,sizeof(stu_info),1,p_stu);
            length++;
            p_rear->mp_next=p;
            p->mp_prior=p_rear;
            p->mp_next=NULL;
            p_rear=p;
        }
        fclose(p_stu);
        return;
}

/*保存*/
void SaveStu(){
    FILE *p_stu;
    STU_INFO p=head.mp_next;
    if((p_stu=fopen("studata.info","w"))==NULL){
        printf("保存数据失败");
        return;
    }
    while(p){
        fwrite(p,sizeof(stu_info),1,p_stu);
        p=p->mp_next;
    }
    printf("数据已保存");
    system("pause");
    fclose(p_stu);
    return;
}

void Backup(){
    FILE *in,*out;
    char backup[30];
    char ch;
    /*目录必须存在,示例代码不涉及目录操作*/
```

```
            printf("请输入如\"d:\\backup.info\"的目标目录及文件名:");
            scanf("%s",backup);
            if((in=fopen("studata.info","r"))==NULL){
                    printf("不能打开原文件,或者原文件不存在\n");
                    exit(1);
            }
            if((out=fopen(backup,"w"))==NULL){
                    printf("不能创建目标文件,请检查磁盘是否满,或者写保护");
                    exit(1);
            }
            while(!feof(in)){
                    ch=getc(in);
                    if(!feof(in))
                        if(fputc(ch,out)==-1)
                            printf("文件写入失败");
            }
            printf("操作完成\n");
            system("pause");
            return;
}
```

12.5 小结

本章通过介绍学生信息管理系统,较全面地展示了使用 C 语言进行项目开发的过程,并给出全部代码。程序几乎涵盖了全书的相关知识,并初步用到一些数据结构内容。

- 项目开发是一个系统工程,应遵循一定的方法和流程。
- 函数的设计应遵守相对功能独立原则,减少相互依赖,达到较好的通用性。
- 项目设计应当功能完备,通常应进行充分的需求分析。
- 项目设计不同于单一程序模块,代码量大,模块间交互多。如果是多人合作,就必须保证足够的协调沟通。
- 注重程序调试测试,通常应当根据所开发的项目,设计专门的测试用例,并完成严格的调试测试。

12.6 习题

1. 本章项目关于文件结束判断,并没有使用 feof( ) 函数,为什么?请试着用 feof( ) 改写程序,并观察结果。思考如何正确使用 feof( )。提示:feof( )操作不移动文件指针,EOF 被视为有效数据:-1。

2. 项目中使用了 length 记录学生数量,在读入数据、添加和删除时,对其进行更新,但所使用的是全局变量。思考这么做的利弊,以及改进方法。

3. 项目使用了预先指定的密钥,并集成在程序中。思考如何实现由使用者灵活设置自己的密钥,并试着改进程序。

4. 项目使用宏定义预置的办法,定制了各模块的菜单。思考能否使用二级字符指针实现动态菜单,并试着改进程序。

参考文献

[1] 王敬华,林萍. C语言程序设计教程[M]. 北京:清华大学出版社,2021.
[2] 王剑峰,马涛,刘浪. C语言程序设计教程[M]. 北京:航空工业出版社,2021.
[3] 吴军良,肖盛文. C语言程序设计[M]. 上海:上海交通大学出版社,2021.
[4] 陈萌,鲍淑娣. C语言编程思维[M]. 北京:清华大学出版社,2019.
[5] 李刚,徐义晗. C语言程序设计[M]. 北京:人民邮电出版社,2019.
[6] 陈轶. C语言编程魔法书:基于C11标准[M]. 北京:机械工业出版社,2017.
[7] PRINZ P,CRAWFORD T. C语言核心技术[M]. 袁野,译. 北京:机械工业出版社,2017.
[8] 谭浩强. C程序设计[M]. 5版. 北京:清华大学出版社,2017.

附录 A ASCII 码表

二进制	十进制	十六进制	符号	解释	二进制	十进制	十六进制	符号	二进制	十进制	十六进制	符号	二进制	十进制	十六进制	符号
0000 0000	0	0	NUL	空字符	0010 0000	32	20		0100 0000	64	40	@	0110 0000	96	60	`
0000 0001	1	1	SOH	标题开始	0010 0001	33	21	!	0100 0001	65	41	A	0110 0001	97	61	a
0000 0010	2	2	STX	正文开始	0010 0010	34	22	"	0100 0010	66	42	B	0110 0010	98	62	b
0000 0011	3	3	ETX	正文结束	0010 0011	35	23	#	0100 0011	67	43	C	0110 0011	99	63	c
0000 0100	4	4	EOT	传输结束	0010 0100	36	24	$	0100 0100	68	44	D	0110 0100	100	64	d
0000 0101	5	5	ENQ	询问	0010 0101	37	25	%	0100 0101	69	45	E	0110 0101	101	65	e
0000 0110	6	6	ACK	收到通知	0010 0110	38	26	&	0100 0110	70	46	F	0110 0110	102	66	f
0000 0111	7	7	BEL	铃	0010 0111	39	27	'	0100 0111	71	47	G	0110 0111	103	67	g
0000 1000	8	8	BS	退格	0010 1000	40	28	(	0100 1000	72	48	H	0110 1000	104	68	h
0000 1001	9	9	HT	水平制表符	0010 1001	41	29	)	0100 1001	73	49	I	0110 1001	105	69	i
0000 1010	10	0A	LF	换行键	0010 1010	42	2A	*	0100 1010	74	4A	J	0110 1010	106	6A	j
0000 1011	11	0B	VT	垂直制表符	0010 1011	43	2B	+	0100 1011	75	4B	K	0110 1011	107	6B	k
0000 1100	12	0C	FF	换页键	0010 1100	44	2C	,	0100 1100	76	4C	L	0110 1100	108	6C	l
0000 1101	13	0D	CR	回车键	0010 1101	45	2D	-	0100 1101	77	4D	M	0110 1101	109	6D	m
0000 1110	14	0E	SO	移出	0010 1110	46	2E	.	0100 1110	78	4E	N	0110 1110	110	6E	n
0000 1111	15	0F	SI	移入	0010 1111	47	2F	/	0100 1111	79	4F	O	0110 1111	111	6F	o

续表

二进制	十进制	十六进制	符号	解释	二进制	十进制	十六进制	符号	二进制	十进制	十六进制	符号	二进制	十进制	十六进制	符号
0001 0000	16	10	DLE	数据链路转义	0011 0000	48	30	0	0101 0000	80	50	P	0111 0000	112	70	p
0001 0001	17	11	DC1	设备控制 1	0011 0001	49	31	1	0101 0001	81	51	Q	0111 0001	113	71	q
0001 0010	18	12	DC2	设备控制 2	0011 0010	50	32	2	0101 0010	82	52	R	0111 0010	114	72	r
0001 0011	19	13	DC3	设备控制 3	0011 0011	51	33	3	0101 0011	83	53	S	0111 0011	115	73	s
0001 0100	20	14	DC4	设备控制 4	0011 0100	52	34	4	0101 0100	84	54	T	0111 0100	116	74	t
0001 0101	21	15	NAK	拒绝接收	0011 0101	53	35	5	0101 0101	85	55	U	0111 0101	117	75	u
0001 0110	22	16	SYN	同步空闲	0011 0110	54	36	6	0101 0110	86	56	V	0111 0110	118	76	v
0001 0111	23	17	ETB	传输块结束	0011 0111	55	37	7	0101 0111	87	57	W	0111 0111	119	77	w
0001 1000	24	18	CAN	取消	0011 1000	56	38	8	0101 1000	88	58	X	0111 1000	120	78	x
0001 1001	25	19	EM	介质中断	0011 1001	57	39	9	0101 1001	89	59	Y	0111 1001	121	79	y
0001 1010	26	1A	SUB	替换	0011 1010	58	3A	:	0101 1010	90	5A	Z	0111 1010	122	7A	z
0001 1011	27	1B	ESC	换码符	0011 1011	59	3B	;	0101 1011	91	5B	[	0111 1011	123	7B	{
0001 1100	28	1C	FS	文件分隔符	0011 1100	60	3C	<	0101 1100	92	5C	\	0111 1100	124	7C	|
0001 1101	29	1D	GS	组分隔符	0011 1101	61	3D	=	0101 1101	93	5D	]	0111 1101	125	7D	}
0001 1110	30	1E	RS	记录分隔符	0011 1110	62	3E	>	0101 1110	94	5E	^	0111 1110	126	7E	~
0001 1111	31	1F	US	单元分隔符	0011 1111	63	3F	?	0101 1111	95	5F	_				
0111 1111	127	7F	Del	删除												

附录 B　运算符的优先级和结合性

优先级	运算符	运算符的功能	运算类别	结合方向
15（最高）	( )	圆括号、函数参数表		从左到右
	[ ]	数组元素下标		
	->	指向结构体成员		
	.	结构体成员		
14	!	逻辑非	单目运算	从右到左
	~	按位取反		
	++、--	自增1、自减1		
	+	求正		
	-	求负		
	*	间接运算符		
	&	求地址运算符		
	（类型名）	强制类型转换		
	sizeof	求所占字节数		
13	*、/、%	乘、除、整数求余	双目算术运算	从左到右
12	+、-	加、减	双目算术运算	从左到右
11	<<、>>	左移、右移	移位运算	从左到右
10	<	小于	关系运算	从左到右
	<=	小于或等于		
	>	大于		
	>=	大于或等于		
9	==	等于	关系运算	从左到右
	!=	不等于		
8	&	按位与	位运算	从左到右
7	^	按位异或	位运算	从左到右
6	|	按位或	位运算	从左到右
5	&&	逻辑与	逻辑运算	从左到右
4	||	逻辑或	逻辑运算	从左到右
3	? :	条件运算	三目运算	从右到左
2	=	赋值	双目运算	从右到左
	+=、-=、*=、/=、%=、&=、^=、|=、<<=、>>=	运算且赋值		
1（最低）	,	顺序求值	顺序运算	从左到右